Susanne Schäferlein
Physikalische Gerätekunde
Skript

Physikalische Gerätekunde *Skript*

Susanne Schäferlein, Bamberg

Unter fachlicher Beratung durch Dr. Annina Bergner, Höchberg

Mit 40 Abbildungen und 17 Tabellen

Deutscher Apotheker Verlag

Anfragen richten Sie bitte an:
info@deutscher-apotheker-verlag.de

Bibliografische Information der Deutschen Nationalbibliothek
Die Deutsche Nationalbibliothek verzeichnet diese Publikation in der Deutschen Nationalbibliografie; detaillierte bibliografische Daten sind im Internet unter http://dnb.d-nb.de abrufbar.

1. Auflage 2014

ISBN 978-3-7692-6100-4

© 2014 Deutscher Apotheker Verlag
Birkenwaldstraße 44, 70191 Stuttgart
www.deutscher-apotheker-verlag.de

Printed in Germany
Satz: Gerd Schweikert, Stuttgart
Druck und Bindung: AZ Druck- und Datentechnik, Berlin
Umschlagabbildung: © Punkt8268/fotolia
Umschlaggestaltung: deblik, Berlin

Vorwort

Liebe PTA-Schülerin, lieber PTA-Schüler,

dieses Skript bietet eine Hilfestellung für den Besuch des Unterrichts im Fach „Physikalische Gerätekunde" im Zuge der Ausbildung zum/zur Pharmazeutisch-technischen Assistenten/-in.

Aufbauend auf das Konzept des Buchs „Arzneimittelkunde-Skript" soll auch dieses Skript dazu dienen, die Schreibarbeit während des Unterrichts zu reduzieren, um so eine bessere Konzentration auf den Inhalt des Unterrichts zu ermöglichen. Als begleitendes Material ersetzt es jedoch nicht den Besuch des Unterrichts. Das Skript dient zur allgemeinen Erklärung des Lehrinhalts und kann individuell ergänzt werden (z. B. durch Lehrbücher).

Der im Unterricht gelehrte Stoff kann in gewissem Umfang vom Inhalt dieses Skripts abweichen, da jeder Lehrer seine eigenen Schwerpunkte setzt. Das Skript soll die aktive Mitarbeit im Unterricht fördern und euch die Möglichkeit eröffnen, abseits des Dokumentierens durch Nachfragen und Mitdenken bestmöglich vom Unterricht zu profitieren. Mit zusätzlichen Notizen während des Unterrichts erleichtert euch das Skript zudem die Hausarbeit und das Nachvollziehen des in der Schule behandelten Unterrichtstoffs.

Die Inhalte des Skripts sind mit einem gewöhnlichen Physikbuch nicht zu vergleichen, denn sie sind speziell auf die Bedürfnisse der Ausbildung zur/ zum PTA abgestimmt. Physikalische Grundlagen werden so einfach wie möglich und so tiefgründig wie nötig beschrieben. Die im Skript vorhandenen Abbildungen sollen euch die physikalischen Inhalte zusätzlich veranschaulichen.

An dieser Stelle möchte ich gerne noch ein paar Menschen danken. Mein primärer Dank gilt meinem Freund, der mich bei der Umsetzung dieses Projekts in jeglicher Hinsicht unterstützt hat. Als Ingenieur der Luft- und Raumfahrt stand er mir zudem jederzeit als optimaler Ansprechpartner sowie für die eine oder andere Diskussion in Sachen Physik bereitwillig zur Seite. Weiterhin danke ich dem Bruder meines Freundes. Als studierter Optoelektroniker konnte ich auf seine Unterstützung und sein Fachwissen im Fachbereich Optik zählen. Für eure investierte Zeit und euer Interesse möchte ich mich hiermit ganz herzlich bei euch bedanken.

Meinen Eltern und Geschwistern danke ich für ihre Unterstützung, die ich in jeder Lebenslage erfahren darf.

Weiterhin bedanke ich mich beim Deutschen Apotheker Verlag, im Besonderen bei Frau Dr. Zwicker, Frau Schroeder und Frau Kähny, für die erneut angenehme Zusammenarbeit sowie bei Frau Dr. Bergner für die konstruktiven Änderungsvorschläge.

In diesem Sinne wünsche ich euch viel Erfolg und nicht physikbegeisterten Schülern vielleicht sogar ein bisschen Spaß beim Nachvollziehen der Inhalte.

Stuttgart, im Sommer 2014   Susanne Schäferlein

Inhalt

1 Physikalische Grundlagen

1.1 Physikalische Maßeinheiten

(handschriftlich:) Bsp. Urmeter: Platin-Iridiumschiene Aufbewahrt bei konst T & konst P in Paris Ziel: keine gemachten Gegenstände sondern Rückführung auf Naturkonstanten Grund: Urkilogramm verliert an Gewicht! ⇒ Meter = Strecke, die das Licht im 299 792 458 sten Teil einer sec. zurücklegt

- Sind **festgelegte** Werte, die beispielsweise anhand von Geräten oder durch Prozesse (z. B. Urmeter, Urkilogramm) ermittelt werden. *(handschriftlich: S. Riech S. 13)*
- Werden **quantitativ** (zahlenmäßig) erfasst.
- Sind durch **Name, Einheit** bzw. das **Einheitenzeichen** und ein **Formelzeichen** definiert.

Beispiel:

Name	Einheit	Einheitenzeichen	Formelzeichen
Masseneinheit	**Kilogramm**	**kg**	*m*

- Eine **Einheit** dient der **Wertangabe** einer physikalischen Größe. Die Wertangabe wird als ein Vielfaches der Einheit angegeben (z. B. 1 Kilometer = 1 000 Meter)

1.1.1 Basisgrößen (SI-Einheiten)

(handschriftlich: Physikal. Basisgröße = Vorgang o. Eigenschaft der in der Natur beobachtet wird, wird zahlenmäßig erfaßt.)

- Sind Grundeinheiten zur Beschreibung eines physikalischen Zustands.
- Können nicht durch andere Basisgrößen ausgedrückt werden. *(handschriftlich: 1960 wurde SI System beschlossen.)*
- Aktuell sind **7 Basisgrößen** (SI-Einheiten) im **internationalen Einheitensystem** (**S**ystème International d'**U**nités) anerkannt:

□ **Tab. 1.1** Auflistung der sieben Basisgrößen

Basisgröße	Einheit *(handschriftlich: / Basiseinheit)*	Einheitenzeichen	Formelzeichen *(handschriftlich: / Symbol)*
Länge	Meter	m	*l*
Masse	Kilogramm	kg	*m*
Zeit	Sekunde	s	*t*
Temperatur	Kelvin	K	*T*
Lichtstärke	Candela	Cd	*I*
Stoffmenge	Mol	mol	*n*
Elektrische Stromstärke	Ampere	A	*I*

Beispiel zur Darstellung der Messwerte:

Formelzeichen = Zahlenwert · Einheit
T = 22 K
m = 113 kg

(handschriftlich: ↑ = Bildung einer pysikal. Größe)

(handschriftlich rechts: Was tun wir beim Messen? Messen ist vergleichen Vgl. von Umfang, Zustand mit festgelegten Maßeinheiten. ⇒ Woraus wird physikal. Größe gebildet?)

1.1.2 Abgeleitete Größen

- Sind von den SI-Einheiten abgeleitet:

(handschriftlich rechts: Können durch die Kombination von SI-Einheiten dargestellt werden (z. B. Geschwindigkeit mit $\frac{km}{h}$).)

□ **Tab. 1.2** Abgeleitete Größen im Überblick

Größe	Einheit	Einheitenzeichen	Formelzeichen	In SI-Einheiten
Volumen	Liter	l	*V*	m^3
Kraft	Newton	N	*F*	$\frac{kg \cdot m}{s^2}$
Elektrische Spannung	Volt	V	*U*	$\frac{kg \cdot m^2}{s^3 \cdot A} = \frac{W}{A}$
Elektrischer Widerstand	Ohm	Ω	*R*	$\frac{kg \cdot m^2}{s^3 \cdot A^2} = \frac{V}{A}$
Druck	Pascal	Pa	*p*	$\frac{kg}{m \cdot s^2} = \frac{N}{m^2}$

◻ **Tab. 1.2** Abgeleitete Größen im Überblick (Fortsetzung)

Größe	Einheit	Einheitenzeichen	Formelzeichen	In SI-Einheiten
Arbeit, Energie	Joule	J	W	$\frac{kg \cdot m^2}{s^2} = N \cdot m$
Leistung	Watt	W	P (Elektrotechnik) Q (Wärmetechnik)	$\frac{kg \cdot m^2}{s^3} = \frac{J}{s}$

1.1.3 Andere gebräuchliche Einheiten

gehören nicht zum SI System.
- wurden frühe eingeführt
- dürfen weiter benutzt werden

◻ **Tab. 1.3** Gebräuchliche Einheiten aus unserem Alltag

Größe	Einheit	Einheitenzeichen	Formelzeichen	Umrechnung
Masse	Gramm	g	m	$1000\,g = 1\,kg$
	Tonne	t		$1\,t = 1000\,kg$
	Atomare Masseneinheit	u		$1\,u = 1{,}661 \cdot 10^{-27}\,kg$
Zeit	Minute	min	t	$1\,min = 60\,s$
	Stunde	h		$1\,h = 60\,min = 3600\,s$
	Tag	d		$1\,d = 24\,h = 86400\,s$
Druck	Bar	bar	p	$1\,bar = 100\,kPa = 10^5\,Pa$
	Millimeter Quecksilbersäule	mmHg		$1\,mmHg \approx 133{,}322\,Pa$ (Blutdruckmessung)
Temperatur	Grad Celsius	°C	θ	$0\,°C = 273{,}15\,K$
Geschwindigkeit	Meter pro Sekunde	$\frac{m}{s}$	v	

Bsp. Riech S.14 Umrechnungen s ⇄ d, h, min

1.1.4 Vorsätze für Maßeinheiten

- Werden auch als **Präfixe** bezeichnet.
- Für eine übersichtliche Darstellung der Größen wurden Abkürzungen für das **Vielfache** und für **Teile** von Einheiten bestimmt.

↓ besser billionenfach
zehnfach

SI-Präfixe: international anerkannt.

◻ **Tab. 1.4** Auszug der gebräuchlichsten SI-Präfixe

Zehnerpotenz	Präfix	Zeichen	Wert	
10^{15}	Peta	P	Billiarde	1 000 000 000 000 000
10^{12}	Tera	T	Billion	1 000 000 000 000
10^{9}	Giga	G	Milliarde	1 000 000 000
10^{6}	Mega	M	Million	1 000 000
10^{3}	Kilo	k	Tausend	1 000
10^{2}	Hekto	h	Hundert	100
10^{1}	Deka	da	Zehn	10
10^{-1}	Dezi	d	Zehntel	0,1
10^{-2}	Centi	c	Hundertstel	0,01
10^{-3}	Milli	m	Tausendstel	0,001
10^{-6}	Mikro	μ	Millionstel	0,000 001
10^{-9}	Nano	n	Milliardstel	0,000 000 001
10^{-12}	Piko	p	Billionstel	0,000 000 000 001
10^{-15}	Femto	f	Billiardstel	0,000 000 000 000 001
10^{-18}	Atto	a	Trillionstel	0,000 000 000 000 000 001

(Durch 3 teilbare Potenzen bevorzugt.
Technisches Format → Taschenrechner

Beispiele:

$$1\,mm = 1 \cdot 10^{-3}\,m$$
$$1\,ms = 1 \cdot 10^{-3}\,s$$
$$1\,nm = 1 \cdot 10^{-9}\,m = 1 \cdot 10^{-12}\,km$$

1.2 Wichtige physikalische Konstanten

- Auch als **Naturkonstanten** bezeichnet.
- Sind Messwerte bzw. spezielle Messgrößen, die einen **gleichbleibenden Größenwert** besitzen (unabhängig von Raum und Zeit).

Tab. 1.5 Die wichtigsten Naturkonstanten

Naturkonstante	Zeichen	Wert
Absoluter Nullpunkt	T	$0\,K = -273,15\,°C$
Atomare Masseneinheit	u	$1,661 \cdot 10^{-27}\,kg$
Mittlere Fallbeschleunigung (Erde)	g	$9,81\,\frac{m}{s^2}$
Ladung des Elektrons	e	$1,602 \cdot 10^{-19}\,C$
Lichtgeschwindigkeit im Vakuum	c	$2,9979 \cdot 10^8\,\frac{m}{s}$
Molares Volumen	V_m	$22,41\,\frac{l}{mol}$

Vakuum:
nahezu luftleerer Raum.

← Messen & Zählen
- Analoges Messen / digitales Messen
- Normdarstellung → wozu die ganzen 10er Potenzen } Handschriftl. Aufzeichnungen

Aufgabe Riech S. 17
Schreiben Sie folgende Zahlen jeweils in Normdarstellung und im technischen Format.

a) $4671 = 4 \times 10^3 + 6 \times 10^2 + 7 \times 10 + 1 = 4000 + 600 + 70 + 1$

$4671 = 4,671 \times 1000 = 4,671 \times 10^3$

b) $54,2 = 5 \times 10 + 4 + 2 \times 10^{-1} = 50 + 4 + 0,2$

$54,2 = 5,42 \times 10 = 5,42 \times 10$

f) $0,00042 = 4 \times 10^{-4} + 2 \times 10^{-5} = 0,0004 + 0,00002$

2   Mechanik

Die Mechanik ist ein Teilgebiet der Physik und befasst sich mit der Lehre vom Gleichgewicht und der Bewegung von Körpern. Sie umfasst folgende Teilbereiche:

- **Statik:** Kräftegleichgewicht an unbeschleunigten Körpern.
- **Dynamik:** Lehre der Wirkungen von Kräften.
  - **Kinematik:** Lehre der Bewegungen im Raum (Wann ist der Körper wo?).
  - **Kinetik:** Erfasst den Zusammenhang zwischen Kräften und Bewegungen.

2.1   Grundlagen

- Die drei Eigenschaften, die einen Körper auszeichnen, sind **Masse, Volumen** und **Dichte**.
- Zusammenhang der Eigenschaften: $\text{Dichte} = \dfrac{\text{Masse}}{\text{Volumen}}$

$$\rho \text{ („rho")} = \frac{m}{V} \text{ in } \frac{kg}{m^3}$$

2.1.1   Masse

Beispiel zur Masse: 100 g Birkenblätter besitzen auf Erde und Mond die gleiche Masse von 100 g.

- Jeder Körper besitzt eine **Masse** (m) mit der SI-Einheit **Kilogramm (kg)**.
- Die Eigenschaften der Masse sind **Trägheit, Schwere** und **Energie**.
- Die Masse ist eine Eigenschaft des Körpers, die **ortsunabhängig** ist.
- Umgangssprachlich wird die Masse auch als **Gewicht** bezeichnet. Jedoch ist das Gewicht eine **ortsabhängige** Größe und ein Maß dafür, wie stark ein Gegenstand von der Schwerkraft angezogen wird.

Beispiel zum Gewicht: Die Birkenblätter, die auf der Erde 100 g wiegen, wiegen auf dem Mond weniger als 100 g, da dort die Schwerkraft geringer ist als auf der Erde.

- Anhand verschiedener **Messgeräte** (▶ Kap. 2.2.1) lässt sich die Masse eines Körpers bestimmen.

Masse im Überblick:

Formelzeichen:	m	
Berechnung:	$m = \rho \cdot V$	
SI-Einheit:	kg	
Weitere Einheiten:	Mikrogramm	$1\,\mu g = 10^{-9}\,kg = 0{,}000\,000\,001\,kg$
	Milligramm	$1\,mg = 10^{-6}\,kg = 0{,}000\,001\,kg$
	Gramm	$1\,g = 10^{-3}\,kg = 0{,}001\,kg$
	Tonne	$1\,t = 10^3\,kg = 1\,000\,kg$
Alltägliche Einheiten:	Pfund	$1\,\text{Pfund} = 500\,g = 0{,}5\,kg$
	Zentner	$1\,\text{Zentner} = 50\,kg$

2.1.2   Volumen

Ein Körper nimmt umso mehr Platz im Raum ein, je kleiner der Druck, je kleiner die Dichte und je größer die Temperatur ist.

- Das **Volumen** (*V*) gibt die Ausdehnung eines Körpers an. Es besagt also, wie viel Platz ein Körper im Raum einnimmt.
- Das Volumen eines Körpers ist abhängig von **Druck, Dichte** und **Temperatur**.
- Für die Bestimmung des Volumens stehen verschiedene **Volumenmessgeräte** zur Verfügung (▶ Kap. 2.2.2).
- In der Regel verwendet man für feste Körper die Einheit **Kubikmeter (m³)**, Flüssigkeiten und Gase misst man für gewöhnlich in der Einheit **Liter (l)**.

Volumen im Überblick:

Formelzeichen:	V
Berechnung:	$V = \dfrac{m}{\rho}$
SI-Einheit:	m^3
Weitere Einheiten:	$1\,cm^3 = 1\,ml$, $1\,dm^3 = 1\,l$

2.1.3 Dichte

- Ist eine **stoffabhängige** Größe, welche die Masse eines Körpers mit dessen Volumen ins Verhältnis setzt.
- Da das Volumen **druck-** und **temperaturabhängig** ist, gelten diese Eigenschaften auch für die Dichte.
  - *Ausnahme:* Dichteanomalie

  > = Der Effekt, dass die Dichte eines Stoffs unterhalb einer gewissen Temperatur wieder abnimmt, der Stoff sich also erneut ausdehnt.

  Bekanntester Stoff: Wasser

  Bei ca. **4 °C** besitzt Wasser seine **größte Dichte** und somit sein **kleinstes Volumen**. Oberhalb dieser Temperatur verhält es sich wie andere Flüssigkeiten und dehnt sich aus. Unterhalb dieser Temperatur wird das Volumen bei weiterer Temperaturerniedrigung aufgrund der Dichteanomalie jedoch wieder größer (auch bei Änderung des Aggregatzustands flüssig → fest).
- Aufgrund von **Dichteunterschieden** kommt es häufig zu einer Trennung heterogener Stoffgemische (z. B. an der Wasseroberfläche schwimmendes Öl).

Dichte im Überblick:

Formelzeichen:	ρ (Rho)
Berechnung:	$\rho = \dfrac{m}{v}$
SI-Einheit:	$\dfrac{kg}{m^3}$
Weitere Einheiten:	$1\,\dfrac{g}{cm^3} = 1\,\dfrac{g}{ml} = 1\,\dfrac{kg}{dm^3} = 1\,\dfrac{kg}{l}$
Verwendung:	Identitätsprüfung, Reinheitsprüfung, Gehaltsbestimmung

2.1.4 Relative Dichte

- Setzt die absolute Dichte einer Substanz ($\rho_{Substanz}$ bei 20 °C) mit der absoluten Dichte des Wassers (bei 20 °C oder 4 °C) ins Verhältnis. Sie ist daher eine dimensionslose Größe (→ besitzt also keine Einheit).
- Dabei gilt folgende Schreibweise: d_{20}^{20} oder d_{4}^{20} → $d_{\text{Temperatur des Wassers in °C}}^{\text{Temperatur der Substanz in °C}}$
- Nach Europäischem Arzneibuch (Ph. Eur., Kapitel 2.2.5) wird vorausgesetzt, dass das Volumen der Substanz bei der Temperatur t_1 genauso groß ist wie das des Wassers bei der Temperatur t_2, sodass gilt: $V_{Substanz} = V_{Wasser}$.

$$\rightarrow d_{20}^{20} = \frac{\rho_{Substanz}}{\rho_{Wasser}} = \frac{\dfrac{m_{Substanz}}{V_{Substanz}}}{\dfrac{m_{Wasser}}{V_{Wasser}}} = \frac{m_{Substanz} \cdot V_{Wasser}}{m_{Wasser} \cdot V_{Substanz}}$$

Da gilt: $V_{Substanz} = V_{Wasser}$ → $d_{20}^{20} = \dfrac{m_{Substanz}}{m_{Wasser}}$

Die Dichte wird auch als Massendichte bezeichnet.

Beispiel: Stellen wir uns eine Eisenkugel und eine Styroporkugel gleicher Größe (Volumen) vor: Logischerweise besitzen beide Kugeln eine unterschiedliche Masse. Gemäß der uns bekannten Formel lässt sich daraus schließen, dass beide Körper eine unterschiedliche Dichte besitzen.

Heterogene Stoffgemische bestehen aus mindestens zwei unterschiedlichen Stoffen, welche sich ohne Hilfsmittel (z. B. Emulgator) nicht miteinander verbinden lassen.

Zur Erinnerung: Bei 4 °C hat Wasser seine größte Dichte.

Zur Erinnerung: Die Dichte ist eine temperaturabhängige Größe, daher sollte während der Messung auf Temperaturkonstanz geachtet werden.

Relative Dichte im Überblick:

Formelzeichen: d (engl. **d**ensity)

Berechnung: $d^{20}_{20} = \dfrac{m_{Substanz}}{m_{Wasser}}$

Einheit: keine

Umrechnung :   absolute → relative Dichte:

$$d = \frac{\rho_{Substanz}}{\rho_{Wasser}} = \frac{\rho_{Substanz}}{0,9982} = \rho_{Substanz} \cdot \frac{1}{0,9982} = \rho_{Substanz} \cdot 1,0018$$

relative → absolute Dichte:

$$d = \rho_{Substanz} \cdot 1,0018 \rightarrow \rho_{Substanz} = \frac{d}{1,0018}$$

2.1.5   Druck

Der Druck ist eine physikalische Größe, welche die Kraft angibt, die senkrecht auf eine Fläche einwirkt.

Druck im Überblick:

Formelzeichen: p (engl. **p**ressure)

SI-Einheit: Pa (Pascal)

F: Kraft in N,
A: Fläche in m².

Berechnung: $p = \dfrac{F}{A}$

Umrechnung: $1\,Pa = 1\,\dfrac{N}{m^2} = 1\,\dfrac{kg}{m \cdot s^2}$

Weitere Einheiten:	
Bar (bar)	$1\,bar = 1 \cdot 10^5\,Pa$
Millimeter Quecksilbersäule (mmHg)	$1\,mmHg = 133,32\,Pa = 1\,Torr$
Torr (Torr)	$1\,Torr = 133,32\,Pa = 1\,mmHg$
Atmosphäre (at)	$1\,at = 98066,5\,Pa$

= Hydrostatischer Druck, Gravitationsdruck (bei ruhenden Flüssigkeiten)

Schweredruck in Flüssigkeiten

- Der Schweredruck einer Flüssigkeit entsteht aufgrund der Schwerkraft einer darüber liegenden Flüssigkeitssäule.
- Der Schweredruck hängt ab von:
  — Eintauchtiefe in die Flüssigkeit
  — Dichte der Flüssigkeit
- Es gilt somit die Formel: **$p = \rho \cdot g \cdot h$**

Zusammenhang: Der Schweredruck ist umso größer, je tiefer man in die Flüssigkeit eintaucht und je größer die Dichte der Flüssigkeit ist.

p: Schweredruck

ρ: Dichte der jeweiligen Flüssigkeit

g: Schwerkraft (Gravitation)

h: Höhe der Flüssigkeitssäule bzw. Eintauchtiefe des Körpers

Beispiel:

In einem mit Wasser gefüllten Glas befinden sich die Körper K_1 und K_2, wobei K_2 tiefer in die Flüssigkeit eintaucht (○ Abb. 2.1). Der Bereich über den beiden Körpern stellt die jeweilige Flüssigkeitssäule dar. Gemäß der Formel **$p = \rho \cdot g \cdot h$** ergibt sich, dass der Druck, der auf K_2 wirkt, größer ist als der Druck auf K_1.

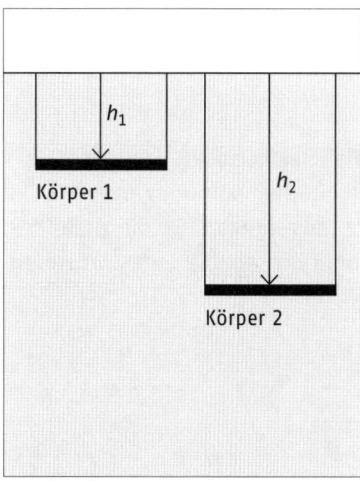

Abb. 2.1 Grafische Darstellung zum Schweredruck in Flüssigkeiten

Hydrostatisches Paradoxon

- Bezieht sich auf ruhende Flüssigkeiten.
- Beschreibt das physikalische Phänomen, dass der von der ruhenden Flüssigkeit verursachte Schweredruck, der auf den Boden eines Gefäßes ausgeübt wird, zwar von der **Füllhöhe** der Flüssigkeit, jedoch nicht von der Form des Gefäßes und somit der **Flüssigkeitsmenge** abhängt (Abb. 2.2).

= Pascal'sches Paradoxon

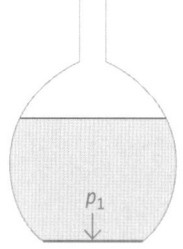 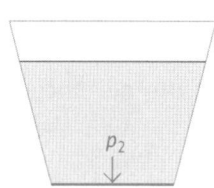 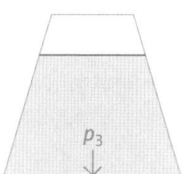

Es gilt: $p_1 = p_2 = p_3$

Abb. 2.2 Gleichbleibender Schweredruck für die jeweils gleiche Flüssigkeit bei unterschiedlichen Gefäßformen

Hydrodynamisches Paradoxon

- Bezieht sich auf bewegte Flüssigkeiten.
- Wird der Durchmesser einer Röhre an einer Stelle verengt (Abb. 2.3), so passiert an dieser Verengung folgendes:
  - Die Strömungsgeschwindigkeit steigt an.
  - Der statische Druck des Mediums sinkt.

Wird auch als Strömung nach Bernoulli und Venturi bezeichnet.

Der statische Druck ist der Druck, der senkrecht zur Strömungsrichtung gemessen wird. Je höher die Strömungsgeschwindigkeit des Mediums, desto geringer ist der statische Druck.

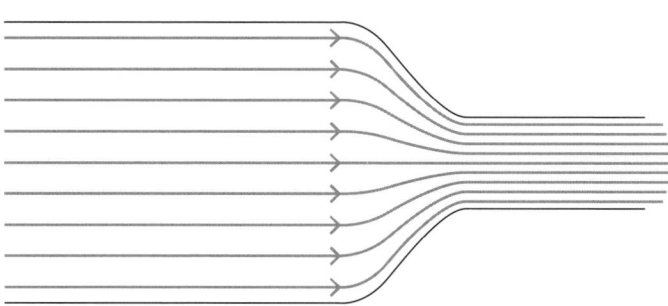

Abb. 2.3 Hydrodynamisches Paradoxon am Beispiel einer Röhrenverengung

■ Durch strömende Flüssigkeiten und Gase lässt sich ein Unterdruck (Sog) erzeugen, der zum Ansaugen anderer Stoffe genutzt werden kann (z. B. Wasserstrahlpumpe).

Luftdruck

= Der Druck, der aufgrund der Gewichtskraft der Luftsäule auf die Erdoberfläche bzw. auf einen sich darauf befindlichen Körper ausgeübt wird.

■ Mittlerer Luftdruck auf Meereshöhe: 101,325 kPa = 1013 hPa (Hektopascal).
■ Unterschied zwischen Gasen und Flüssigkeiten: Gase sind stärker komprimierbar → Die erdnahen Schichten des Luftdrucks werden stärker zusammengepresst, als die erdfernen Schichten → die Luftdichte nimmt mit steigender Höhe exponentiell ab, die Luft wird zunehmend „dünner" (Abb. 2.4).

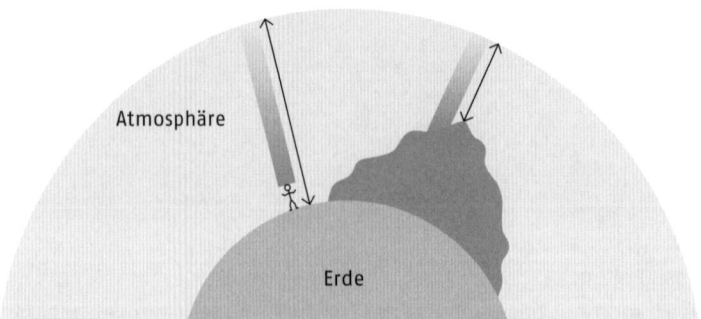

● **Abb. 2.4** Abhängigkeit des Luftdrucks von der Höhenlage

Beispiel aus dem Alltag: Lässt man einen gefüllten, unverschlossenen Luftballon los, so strömt die Luft unverzüglich aus dem Ballon heraus, da im Ballon ein höherer Druck herrscht als in seiner Umgebung. Auch hier ist der Druckausgleich das Ziel.

Bei der Wettervorhersage steht H für Hochdruckgebiet und T für Tiefdruckgebiet.

■ Zusätzlich beeinflusst das **Wetter** den Luftdruck:
— Bei Änderungen der Wetterlage (z. B. warm → kalt) kommt es zu Veränderungen des Luftdrucks.
— Da die Luft in einem Volumen immer ein gleiches Druckniveau anstrebt, strömt die Luft von einem Gebiet mit hohem Druck (Hochdruckgebiet) zu einem Gebiet mit niedrigerem Druck (Tiefdruckgebiet) mit dem Ziel des Druckausgleichs.
— Ein Hochdruckgebiet erhöht die Kraftwirkung der Luftsäule durch eine abwärts gerichtete Strömung.
— Eine ausgleichende Strömung zwischen Hoch- und Tiefdruckgebieten bewirkt einen Wind → je größer der Druckunterschied, desto stärker der Wind.
■ Die Messung des Luftdrucks erfolgt mit Hilfe eines **Barometers**.

Vakuum

Vakuum = nahezu luftleerer Raum. Ein vollständig materiefreier Raum ist nicht herstellbar.

Beispiel aus dem Alltag: vakuumverpackter Pulverkaffee.

■ Der Luftdruck ist in einem Vakuum deutlich geringer als der Atmosphären-/Umgebungsdruck.
■ Ist der Luftdruck extrem niedrig, spricht man von einem **Hochvakuum**.
■ Herstellung: Das in einem abgeschlossenen Hohlraum enthaltene Gas wird mittels einer geeigneten Vakuumpumpe (z. B. Wasserstrahlpumpe) entfernt.
■ Messgeräte zur Bestimmung des Drucks in einem Vakuum heißen **Vakuummeter**.
■ Anwendungen:
— Vakuumfiltration oder -destillation
— Wärmebehandlung von Metallen (Vermeidung Oxidation durch Sauerstoff)
— Verpackung von Lebensmitteln (längere Haltbarkeit)

Wasserstrahlpumpe

Beispiel aus dem Alltag: Wasserstrahlpumpe für den Wasserwechsel eines Aquariums.

■ Nutzt die Eigenschaften des hydrodynamischen Paradoxons zur Herstellung eines Grobvakuums.
■ Aufbau und Funktionsweise (Abb. 2.5):
— Besitzt zwei Eingänge und einen Ausgang und besteht im Prinzip aus zwei ineinander gesteckten Rohren.
— Wassereingang: Wasserstrahl wird aufgrund des Leitungsdrucks in ein Rohr mit etwas größerem Durchmesser gespritzt.
— Das Rohr verengt sich und beschleunigt dadurch die Strömung, sodass ein Unterdruck (Sog) entsteht.

— Dieser Unterdruck sorgt dafür, dass Luft durch den zweiten Eingang (Lufteingang) mitgerissen wird.
- Nachteile:
  — Hoher Wasserverbrauch
  — Hoher Geräuschpegel

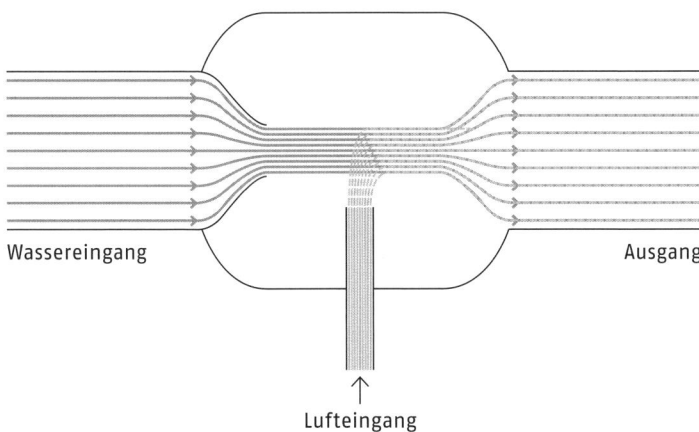

Wassereingang   **Ausgang**

↑
Lufteingang

○ **Abb. 2.5** Prinzipielle Funktionsweise einer Wasserstrahlpumpe

Dampfdruck einer Flüssigkeit

- Dampfdruck ist der Druck, der in einem abgeschlossenen System gemessen wird, wenn sich Dampf und zugehörige flüssige Phase im thermodynamischen Gleichgewicht befinden.
- Eigenschaften des Dampfdrucks:
  — Temperaturabhängigkeit
  — Stoffabhängigkeit
- In einem offenen System beginnt die Flüssigkeit zu sieden, wenn gilt: Dampfdruck = Umgebungsdruck. (Bsp.: kochendes Wasser im Kochtopf)

2.1.6 Viskosität

- Viskosität ist ein Maß für die Zähflüssigkeit eines Stoffs bzw. ein Maß für die innere Reibung, die der Fließbewegung entgegengesetzt wird.
- Wie zähflüssig ein Stoff ist, hängt von den zwischenmolekularen Kräften ab:
  — **Kohäsionskräfte**: wirken *innerhalb* eines Moleküls (intramolekular)
  — **Adhäsionskräfte**: wirken *zwischen* den Molekülen (intermolekular)
- Weiterhin ist die Viskosität von Flüssigkeiten von der **Temperatur** abhängig: Je höher die Temperatur, desto niedriger ist der Viskositätswert → Stoff wird flüssiger.
- Messgeräte zur Bestimmung der Viskosität heißen **Viskosimeter** (▶ Kap. 2.2.6).
- Für gewöhnlich wird die Viskosität mit der **Scherung** (= Gleitung) in Verbindung gebracht. Eine Scherung tritt auf, wenn eine Flüssigkeit mit unterschiedlicher Geschwindigkeit fließt.
- Gedankenexperiment zur Scherung (○ Abb. 2.6):
  Stellen wir uns eine in Ruhe befindliche Flüssigkeit zwischen zwei Platten vor:
  — Auf die obere Platte wird eine Kraft ausgeübt, die zu einer Verschiebung der Platte nach rechts führt.
  — Die Flüssigkeit zwischen den Platten stellen wir uns als in ebenen Schichten angeordnete Molekülreihen vor.
  — Durch die Verschiebung der oberen Platte geraten die angrenzenden Molekülreihen ebenfalls in Bewegung.

Dampf: Ein Gas, das noch mit der flüssigen Phase in Kontakt steht.

Temperaturabhängigkeit: Mit steigender Temperatur gewinnen die Moleküle der Flüssigkeit an Energie; ab einer bestimmten Temperatur gehen sie in die Gasphase über.

Stoffabhängigkeit: Die molekularen Wechselwirkungen sind von Stoff zu Stoff unterschiedlich.

Beispiele aus dem Alltag: Honig (zähflüssig), Wasser (flüssig).

Beispiel aus dem Alltag: Erhitzen von Butter beim Kochen.

— Die Bewegungsgeschwindigkeit nimmt in Richtung der statischen (feststehenden) Platte immer weiter ab, da die aufgrund von Kohäsionskräften miteinander verbundenen Moleküle die Bewegung zunehmend abbremsen (innere Reibung).

— Diese **innere Reibung** bestimmt die Zähigkeit einer Flüssigkeit und stellt die Viskosität der Substanz dar.

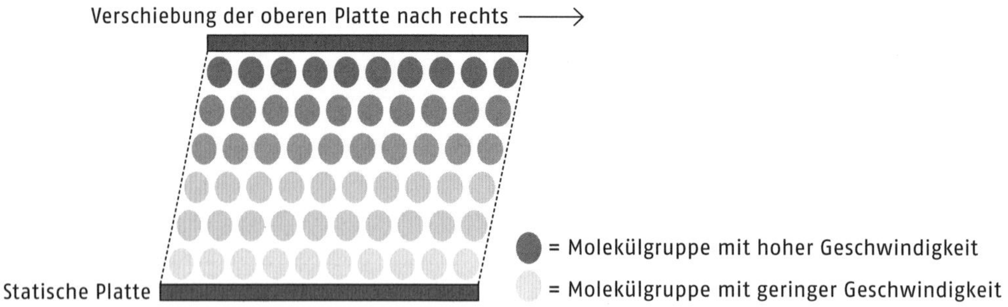

Verschiebung der oberen Platte nach rechts ⟶

⬤ = Molekülgruppe mit hoher Geschwindigkeit
◯ = Molekülgruppe mit geringer Geschwindigkeit

Statische Platte

Abb. 2.6 Grafische Darstellung der Scherung in Flüssigkeiten

Eigenexperiment: Bestreiche eine Brotscheibe mit einer dicken Schicht Honig und lege eine zweite Brotscheibe darauf. Verschiebe nun die obere Brotscheibe gemäß Abb. 2.6 nach rechts. Wiederhole das Experiment mit Erdbeermarmelade und du wirst feststellen, dass hier zur Verschiebung der oberen Brotscheibe weniger Kraft erforderlich ist, da der Honig viskoser ist als die Erdbeermarmelade.

■ Je höher die Viskosität ist, die ein Stoff besitzt, desto dickflüssiger ist er und desto mehr Kraft muss aufgewandt werden, um die innere Reibung des Stoffes zu überwinden.
Das bedeutet für unser Beispiel: Je viskoser der Stoff, desto mehr Kraft muss aufgewandt werden, um die obere Platte in Abb. 2.6 zu verschieben.

■ Dickflüssige Stoffe werden als **hochviskos** bezeichnet (z. B. Schleim), dünnflüssige Stoffe werden als **niederviskos** bezeichnet (z. B. Wasser, Ethanol).

■ Die Viskosität hat u. a. Einfluss auf die Verarbeitung, Anwendung und Lagerung von Stoffen.

■ Verwendung: Identitätsprüfung (z. B. Paraffine).

■ Unterscheidung: Bisher haben wir die **dynamische Viskosität** betrachtet, da diese nach dem Arzneibuch bestimmt wird. Es gibt jedoch auch eine **kinematische Viskosität**, welche die dynamische Viskosität ins Verhältnis der Dichte setzt:

Kinematische Viskosität: $v = \dfrac{\eta}{\rho}$ in $\dfrac{m^2}{s}$

Dynamische Viskosität: $\eta = \dfrac{\tau}{\gamma}$ in $\dfrac{N \cdot s}{m^2} = \dfrac{kg}{m \cdot s}$, auch: Pa · s

v kinematische Viskosität

η dynamische Viskosität

ρ Dichte

τ Schubspannung

γ Scherrate

Tab. 2.1 Dynamische Viskositätswerte einiger Stoffe

Substanz (bei 20 °C)	η in mPa · s
Wasser	1,00
Blut (bei 37 °C)	4–15
Dünnflüssiges Paraffin	25–80
Dickflüssiges Paraffin	110–230
Glycerin	1 500

Begriffsdefinitionen

Fluidität:

Ist der Kehrwert der dynamischen Viskosität .

$$\text{Zusammenhang: Viskosität} = \frac{1}{\text{Fluidität}}$$

Die Fluidität ist ein Maß für die Fließfähigkeit einer Flüssigkeit.

Fließgrenze:

Ist die Kraft die aufgebracht werden muss, damit ein Stoff zu fließen beginnt.

Newtonsche Fluide:

Sind Substanzen, bei denen die Viskosität auch durch Änderung der Schergeschwindigkeit (= Bewegungsgeschwindigkeit der Molekülreihen) konstant bleibt (z. B. Wasser, Ethanol, Glycerol). Solche Substanzen werden als **idealviskos** oder **reinviskos** bezeichnet.

Als Fluid werden Flüssigkeiten oder Gase bezeichnet.

Nicht-newtonsche Fluide:

Manche **nicht-newtonsche Fluide** besitzen die Eigenschaft, dass bei **dilatantem Fließen** (= hohe Scherkräfte) die Viskosität zunimmt. Bedeutet also, dass manche Substanzen umso zähflüssiger werden, je stärker man sie rührt (z. B. Zinkpaste).

Pseudoplastische Fluide:

Weisen bei kleinen Schergeschwindigkeiten die Eigenschaft eines newtonschen Fluids auf. Ab einer bestimmten (kritischen) Schergeschwindigkeit kommt es jedoch zu einer überproportionalen Abnahme der Viskosität (z. B. Suspensionen, Verdickungsmittel).

Pseudoplastische Fluide werden auch als strukturviskos bezeichnet.

Plastische Fluide:

Besitzen zusätzlich zum pseudoplastischen Fließen eine Fließgrenze. D. h., dass sich die Substanzen unterhalb der Fließgrenze wie Feststoffe, nach Überschreiten der Fließgrenze wie pseudoplastische Fluide verhalten (z. B. Salben, Cremes, Fette, Zahnpasta). Ist dieser Vorgang irreversibel (nicht umkehrbar), so bezeichnet man ihn als **Rheodestruktion** (z. B. Joghurt, Kondensmilch).

Rheopexie:

Die Viskosität nicht-newtonscher Fluide nimmt infolge einer mechanischen Beanspruchungsphase (z. B. Rühren) **zu** und nimmt nach Beendigung der Beanspruchung **wieder ab**.

Zeitabhängig, wird auch als negative Thixotropie bezeichnet.

Thixotropie:

Die Viskosität nicht-newtonscher Fluide nimmt infolge einer mechanischen Beanspruchungsphase (z. B. Rühren) **ab** und steigt nach Beendigung der Beanspruchung **wieder an**. Thixotropierungsmittel: z. B. Bentonit

Zeitabhängig, Gegensatz zur Rheopexie.

Rheologie:

Ist die Wissenschaft, die sich mit dem Verformen und Fließen von Stoffen unter Einwirkung äußerer Kräfte befasst.

2.2 Mechanische Messgeräte

- Anhand von Messgeräten können physikalische Größen bestimmt werden.
- Das Ergebnis, also den **Messwert**, erhält man zumeist anhand einer **Skalenanzeige** oder einer **Ziffernanzeige**.
- Der Messwert wird mit einem **Zahlenwert** und einer **Einheit** angegeben.
- Messwerte können eine **Messabweichung** enthalten → Abweichung muss beim Ergebnis entsprechend berücksichtigt werden.
- Um Messgeräte zu **kalibrieren**, **justieren** oder **eichen** (▸ Kap. 2.2.1), verwendet man Hilfsmessgeräte, die besonders genau arbeiten.

2.2.1 Bestimmung der Masse

- Masse kann *indirekt* anhand einer **Kraft** und einer **Beschleunigung** ($F = m \cdot a \rightarrow m = \dfrac{F}{a}$) berechnet werden.
- Eine *direkte* Massenbestimmung erfolgt mittels **Waagen**:
  Das Gewicht des Wägeguts wird entweder mechanisch mithilfe von Gegengewichten oder durch elektromagnetische Kräfte (Lorentz-Kraft) kompensiert.

Als Wägegut bezeichnet man den zu wiegenden Körper.

Waagentypen

⬚ **Tab. 2.2** Waagentypen

Waage	Typ
▪ Federwaage ▪ Hebelwaage, gleicharmig — Balkenwaage — Handwaage ▪ Hebelwaage, ungleicharmig — Substitutionswaage — Dezimalwaage	Mechanisch
▪ Rezepturwaage ▪ Präzisionswaage ▪ Feinwaage — Mikrowaage — Analysenwaage	Elektromagnetisch

Balkenwaage

- Prinzip: zwei Massen werden miteinander verglichen:
  Ein Körper (Masse unbekannt) wird mit einem Gewichtsstück (Masse bekannt) verglichen.
- Die Balkenwaage besteht aus einem waagerechten Balken (**Waagebalken**), der um eine **waagerechte Achse** drehbar ist, sowie zwei **Waagschalen**, die sich an den jeweiligen Enden der Waagbalken befinden (○ Abb. 2.7).
- Waagschale 1: Gewicht, dessen Masse ermittelt werden soll (Last).

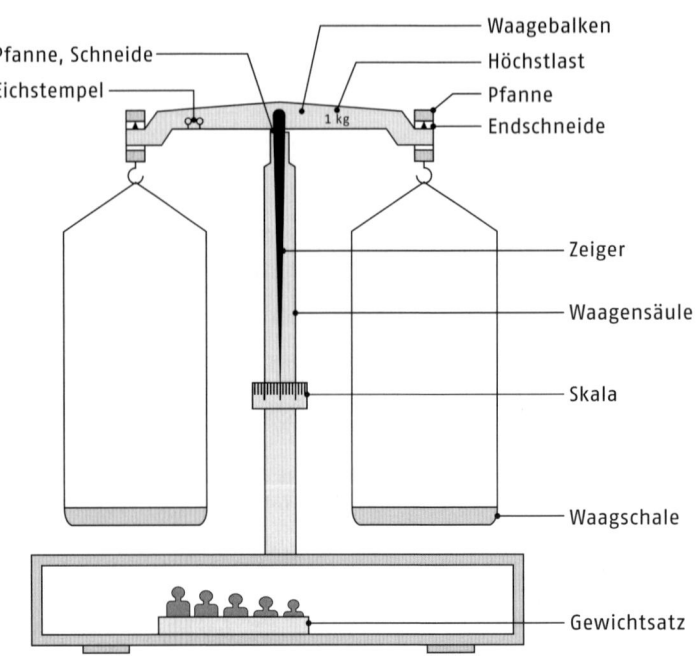

○ **Abb. 2.7** Gleicharmige Balkenwaage

- Waagschale 2: Gewicht, dessen Masse bekannt ist (**Kraft**).
- Vorgehen: In Waagschale 2 wird so lange Gewicht aufgelegt, bis der Waagebalken im Gleichgewicht ist und der gesuchte Wert von einer Skala abgelesen werden kann.
- Grundlage ist das **Hebelgesetz**:
  Last (in N) · Lastarm (in m) = Kraft (in N) · Kraftarm (in m)

2

Substitutionswaage

- Prinzip: Gewichtsstücke werden durch das Wägegut ersetzt (**substituiert**).
- Wägegut und Gewichtsstücke hängen an einem Hebelarm, ein **konstantes Gewicht** hängt an einem anderen Hebelarm (○ Abb. 2.8).
- Bevor das Wägegut aufgelegt wird, bringt man so viele Gewichtsstücke an, dass der Waagebalken im Gleichgewicht ist.
- Nun legt man das Wägegut auf die Waagschale und entfernt nach und nach die Gewichte, bis erneut ein Gleichgewicht erreicht ist und man auf diese Weise die gesuchte Masse ermittelt hat.

Die Substitutionswaage ist ein Beispiel für eine ungleicharmige Hebelwaage.

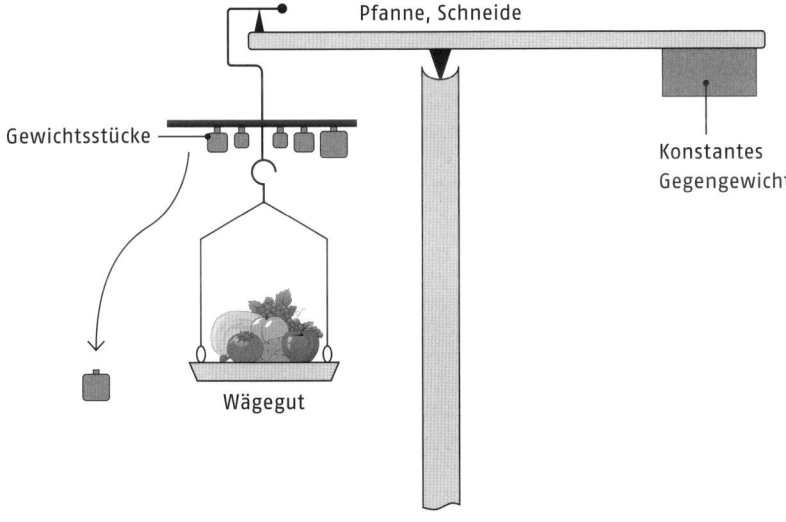

○ **Abb. 2.8** Substitutionswaage. Nach Riech 2009

Elektronische Waagen

- Prinzip: Elektronische Waagen nutzen die Elektrizität zur Bestimmung einer unbekannten Masse, indem das Gewicht des Wägeguts in eine **elektrische Größe** (z. B. Spannung) umgewandelt wird. Die elektrische Größe wird in Masse umgerechnet und digital auf einem Display angezeigt.
- Vorteile gegenüber einer mechanischen Waage:
  - Schneller
  - Sehr genau
  - Anschluss an PC möglich

Begriffsdefinitionen

„Technische Veränderung der Waage" bedeutet, dass bspw. an einer Stellschraube gedreht werden muss. Es wird also eine Veränderung an der Waage vorgenommen.

Die Kontrolle durch die Eichbehörde erfolgt in regelmäßigen Abständen und anhand von Eichvorschriften. Erfüllt das Messgerät die an sie gestellten Anforderungen, so erhält es einen Stempel, der das bestätigt.

Kalibrieren (Einmessen): Ermittlung der Abweichung vom Wert des Messergebnises zum richtig geltenden Wert der Messung (Bestimmung des Messfehlers). Keine technische Veränderung der Waage notwendig.

Justieren (Abgleichen): Das möglichst exakte Einstellen der Waage auf den Sollwert.
- Die Waage wird hierbei technisch verändert.
- Zum Justieren werden externe oder in die Waage eingebaute Justiergewichte verwendet. Nach jeder Justierung muss das Messgerät erneut kalibriert werden.

Eichen: Die Überprüfung von Messgeräten durch die Eichbehörde.

Eichwert(e): Bei der Eichung ermitteltes Maß für die maximale Abweichung (Toleranz) des Messwerts vom Sollwert.

Eichklassen:
(Genauigkeitsklassen) Einteilung von Waagen verschiedener Bauarten in Klassen mit gleicher Genauigkeit:

Klasse	Bezeichnung	Eichwert e
I	Feinwaagen (= Analysenwaagen)	$0,001\,g \leq e$
II	Präzisionswaagen	$0,001\,g \leq e \leq 0,05\,g$ $0,1\,g \leq e$
III	Handelswaagen	$0,1\,g \leq e \leq 2\,g$ $5\,g \leq e$
IV	Grobwaagen	$5\,g \leq e$

Die angegebenen Höchst- und Mindestlasten sollten nicht über- bzw. unterschritten werden, um ungenaue Messergebnisse zu vermeiden und die Waage nicht zu beschädigen.

Höchstlast (Max): Obere Grenze des eichfähigen Wägebereichs.

Mindestlast (Min): Untere Grenze des eichfähigen Wägebereichs.

Wägebereich: Bereich zwischen Höchst- und Mindestlast (≙ **Arbeitsbereich** einer Waage).

Einschwingzeit: Die Zeit die gemessen wird, bis die Waage ruht und den endgültigen Messwert anzeigt.

Der Teilungswert d wird auch als *Ablesbarkeit* oder *Ziffernschritt* bezeichnet.

Teilungswert (d): Kleinster Ziffernschritt der Anzeige.
- Beispiel: Nach 2,75 folgt 2,80 → Differenz = Teilungswert = 0,05 g (alle dazwischen liegenden Werte werden gerundet).

Belastungsänderung: Anzahl der Skalenteile, um die der Zeiger pro Milligramm ausschlägt.

Empfindlichkeit (E): Ist definiert durch die Belastungsänderung pro Masseänderung:

$$E = \frac{\text{Belastungsänderung}}{\text{Masseänderung}}$$

- Beispiel: Belastungsänderung = 0,8 Skalenteile, Masseänderung = 35 mg

$$\rightarrow \frac{0,8}{35} = 0,023 \; \frac{\text{Skalenteile}}{\text{mg}}$$

- Die Empfindlichkeit ist neben der Reproduzierbarkeit, Genauigkeit und Ablesbarkeit ein Maß für die Leistungsfähigkeit einer Waage.
- Die Empfindlichkeit verringert sich mit zunehmender Belastung auf der Waage.

Hinweis bzgl. der Temperatur: Bei Über- oder Unterschreitung der auf dem Kennzeichnungsschild angegebenen Temperaturen kann es zu Messfehlern kommen → Angaben genau einhalten.

Temperaturbereich: Der Temperaturbereich, in dem die Waage benutzt werden darf.

Verkehrsfehlergrenze: Maximal zulässige Abweichung (Toleranz) des Messwerts vom Sollwert (während des Zeitraums der gültigen Eichdauer).

Typenschild

- Gibt Angaben zur Beurteilung der Leistungsfähigkeit von Waagen.
- Zu entnehmende Angaben:
  - Herstellerinformationen
  - Typenbezeichnung
  - Baujahr
  - Höchst- und Mindestlast
  - Fabrikationsnummer
  - CE-Konformitätszeichen
  - Eichklasse

Alternativ kann man der Gebrauchsanweisung Informationen zur Leistungsfähigkeit der jeweiligen Waage entnehmen.

Was ist beim Wägen zu beachten?
Grundsätzliches

- Waage sollte auf einem stabilen und ebenen Untergrund stehen.
- Zugluft, Temperaturschwankungen, Feuchtigkeit und Schmutz sind prinzipiell zu meiden.
- Elektrische Waagen sollten stets am Stromnetz angeschlossen sein (auch wenn sie nicht benutzt werden).

Das CE-Konformitätszeichen bestätigt, dass die Waage die Anforderungen bestimmter Richtlinien erfüllt.

Vorbereitung zur Messwertbestimmung

- Ggf. Waage reinigen, justieren, in Nullstellung bringen.
- Auswahl der richtigen Waage, u.a. nach folgenden Kriterien:
  - Genauigkeitsanforderung
  - Menge des Wägeguts
  - Eigenschaften des Wägeguts (z.B. Aggregatzustand, Größe)
  - Weiterverarbeitung der Messwerte (z.B. am PC)
- Geeignetes Gefäß auswählen, u.a. nach folgenden Kriterien:
  - Aggregatzustand
  - Chemische Eigenschaften
  - Substanzmenge
  - Weitere Arbeitsschritte

Zum Abwiegen von Substanzen werden im Labor bevorzugt Hornschiffchen, Kartenblätter, Becher-gläser oder Messzylinder verwendet.

Während der Messwertbestimmung

- Einwaage erfolgt *nach Möglichkeit* direkt in das Gefäß, mit dem weitergearbeitet wird.
- Umfüllen des Wägeguts möglichst vermeiden (→ Substanzverlust, Verunreinigung).
- Stets auf eine saubere Arbeitsweise achten (saubere Arbeitsgeräte verwenden, Schmutz sofort beseitigen).
- Substanzen nie mit der bloßen Hand anfassen.
- Bei Bedarf entsprechende Schutzmaßnahmen ergreifen (z.B. Staubmaske, Handschuhe).
- Möglichst keine heißen Flüssigkeiten wiegen und keine heißen Arbeitsgeräte auf die Waage stellen. Ist das nicht vermeidbar → erlaubten Temperaturbereich der Waage beachten.

Geringe Substanzmengen die z.B. auf der Analysen-waage abgewogen werden, wiegt man gewöhnlicherwei-se auf einem Wägeschiffchen oder Kartenblatt ab.

2.2.2   Bestimmung des Volumens einer Flüssigkeit

- Das Volumen einer Flüssigkeit kann mittels geeigneter Geräte (Volumenmessgeräte) bestimmt werden.
- Die Flüssigkeitsmenge wird anhand einer auf dem Gerät befindlichen Skala ermittelt.
- Aufgrund von Adhäsions- bzw. Kohäsionskräften kommt es zu einer Wölbung der Flüssigkeits-oberfläche (= **Meniskus**, ○Abb. 2.9), die beim Ablesen berücksichtigt werden muss.
- Gebräuchliche Einheit: Liter (**l**) (abgeleitete Größe).

Umrechnung:

$1\,m^3$	$= 1000\,l$	$1\,l$	$= 0{,}001\,m^3$
$1\,l$	$= 1000\,ml$	$1\,ml$	$= 0{,}001\,l$
$1\,ml$	$= 1\,cm^3$	$1\,cm^3$	$= 0{,}001\,l$
$1\,ml$	$= 1000\,\mu l$	$1\,\mu l$	$= 0{,}001\,ml$

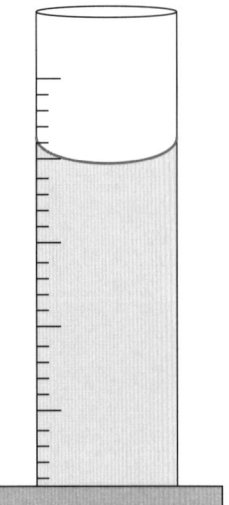

Abb. 2.9 Meniskus

Eigenschaften von Flüssigkeiten

Je höher die Temperatur, desto schneller bewegen sich die Teilchen.

Kohäsionskräfte sorgen für den Zusammenhalt zwischen Teilchen des gleichen Stoffs.

Die Oberflächenspannung (OFS) ist die Ursache der Tropfenbildung von Flüssigkeiten.

Je höher die Temperatur, desto mehr Teilchen verlassen die Flüssigkeitsoberfläche.

- Flüssigkeiten bestehen aus Teilchen, die leicht gegeneinander verschiebbar sind.
- Die Beweglichkeit der Teilchen ist abhängig von der Temperatur.
- Der Zusammenhalt der Teilchen ist durch Kohäsionskräfte gewährleistet.
- An der Grenzfläche zwischen Luft und Flüssigkeit wirken die **Kohäsionskräfte** in Richtung Substanzmitte → Spannungszustand an der Oberfläche (= **Oberflächenspannung**).
- Anziehungskräfte zwischen Teilchen *verschiedener* Stoffe werden als **Adhäsionskräfte** (Anhangskräfte) bezeichnet (z. B. Anhaften von Flüssigkeit an einer Glasoberfläche).
- Aufgrund von Oberflächenspannung und Adhäsionskräften steigt eine Flüssigkeit in einem engen Rohr (Kapillare) empor, wenn diese in die Flüssigkeit eingetaucht wird (**Kapillarität**).
- Im Gegensatz zu Gasen lassen sich Flüssigkeiten nur in einem vernachlässigbaren Maße zusammenpressen (komprimieren).
- Steigt die Temperatur, so vergrößert sich der Abstand zwischen den Teilchen. Diese Volumenvergrößerung wird durch den **Ausdehnungskoeffizienten** (stoffspezifische Größe) beschrieben.
- Flüssigkeiten besitzen einen **Dampfdruck** → trotz wirkender Kohäsionskräfte verlassen Teilchen die Flüssigkeitsoberfläche (temperaturabhängig).
  — Offene Gefäße: Flüssigkeit verdampft mit der Zeit vollständig.
  — Geschlossene Gefäße: Leerraum über der Flüssigkeit sättigt sich mit Dampf.

Kennzeichnung von Volumenmessgeräten

Die Wartezeit muss eingehalten werden, damit die an der Gefäßwand befindliche Flüssigkeit nachlaufen kann und der Messwert möglichst exakt ist.

▫ **Tab. 2.3** Kennzeichnungen von Volumenmessgeräten und deren Bedeutung

	Kennzeichnung	Bedeutung
Genauigkeitsklassen	A	■ Messgeräte sind geeicht.
		■ Definierte max. Abweichung der Flüssigkeitsmenge vom angezeigten Volumen: 0,2 %.
	AS	■ *s. Genauigkeitsklasse A*
		■ Vor Ablesung: die auf dem Gerät angegebene Wartezeit einhalten.
	B	■ Messgeräte sind nicht geeicht.
		■ Definierte max. Abweichung der Flüssigkeitsmenge vom angezeigten Volumen: 2 %.
Füll-/Entnahmegenauigkeit	Ex	■ Das Gerät ist auf Auslauf eingestellt → die im Gefäß zurückbleibende Menge ist bereits mit einkalkuliert. Sie darf nicht herausgeschüttelt oder ausgepustet werden.
	In	■ Das Gerät ist auf Einlauf eingestellt → das im Gerät befindliche Volumen entspricht exakt dem abzulesenden Messwert. Der aufgrund von Adhäsionskräften zurückbleibende Flüssigkeitsfilm führt zu einem nicht einkalkulierten Flüssigkeitsverlust.

□ Tab. 2.3 Kennzeichnungen von Volumenmessgeräten und deren Bedeutung (Fortsetzung)

	Kennzeichnung	Bedeutung
Eichtemperatur	20 °C	▪ Bei der Messung einzuhaltende Temperatur (abweichende Temperaturen → Volumenänderung → Messfehler).
Fehlertoleranz	±0,02 ml	▪ Messwert darf max. um diesen Wert abweichen.

Volumenmessgeräte

▪ Unterscheidung:
  – Auf **Auslauf (A, Ex)** eingestellt.
  – Auf **Einlauf (E, In)** eingestellt.

□ Tab. 2.4 Überblick der Volumenmessgeräte

Volumenmessgerät	Eigenschaften	Besonderheiten
Messzylinder Genauigkeitsklasse: **B** Füll-/Entnahmegenauigkeit: **In**	▪ Glas oder Kunststoff. ▪ Besitzt Maßeinteilung. ▪ Wird trotz der Angabe „In" oft als Auslaufgefäß verwendet → Messungenauigkeit.	▪ Falls Lösegefäß → auf gute Mischung achten (Sichtkontrolle → keine Schlieren).
Messkolben Genauigkeitsklasse: **A** Füll-/Entnahmegenauigkeit: **In**	▪ Glas. ▪ Keine Skalierung, stattdessen Ringmarke am Hals.	▪ Ist eine Substanz in der abzumessenden Flüssigkeit zu lösen → Einwaage wenn möglich direkt ins Gefäß. ▪ Substanz zunächst nur in ½ Flüssigkeitsmenge lösen (Schütteln vermeiden). ▪ Auf Temperierung achten. ▪ Inhalt gut mischen (Sichtkontrolle → keine Schlieren).
Messpipette Genauigkeitsklassen: **A, AS, B** Füll-/Entnahmegenauigkeit: **Ex**	▪ Langes, gerades Glasrohr, spitz zulaufend. ▪ Dosierung von Teilmengen möglich.	▪ Vor Messung mit Maßlösung spülen. ▪ Flüssigkeit mit Pipettierhilfe ansaugen. ▪ Luftansaugen vermeiden.
Vollpipette Genauigkeitsklassen: **A, AS** Füll-/Entnahmegenauigkeit: **Ex**	▪ Glasrohr mit bauchigem Mittelteil. ▪ Keine Dosierung von Teilmengen möglich. ▪ Ringmarke am oberen Hals.	▪ Beim Entleeren → Pipettenspitze an Wand anlegen. ▪ Hängende Tropfen abstreifen (nicht abschütteln). ▪ Rest der Flüssigkeit verbleibt in der Spitze → Nicht ausblasen!
Mikroliterpipette Füll-/Entnahmegenauigkeit: **Ex**	▪ Zur Dosierung kleiner Volumina (0,1–5 000 µl). ▪ Volumen fest oder variabel einstellbar.	▪ Einwegpipettenspitzen. ▪ Teilweise kalibrierbar, justierbar.
Bürette Genauigkeitsklassen: **A, AS** Füll-/Entnahmegenauigkeit: **Ex**	▪ Glasrohr mit Maßeinteilung. Besitzt am unteren Ende einen Hahn. ▪ Verwendung: Gehaltsbestimmung durch Titration.	▪ Dosierung von Teilmengen möglich. ▪ Vor Anwendung: Beweglichkeit des Hahns testen (ggf. fetten). ▪ Bei Substanzwechsel → gründlich spülen. ▪ Tropfen an Hahnspitze und im Rohr sind beim Ablesen zu beachten.

Lösegefäß: Zu lösende Substanz wird direkt in das Gefäß (hier: Messzylinder) eingewogen und in der entsprechenden Flüssigkeitsmenge gelöst.

Die Titration ist ein analytisches Verfahren, mit dem die unbekannte Konzentration einer Probelösung anhand des verbrauchten Volumens einer Maßlösung mit bekannter Konzentration ermittelt werden kann.

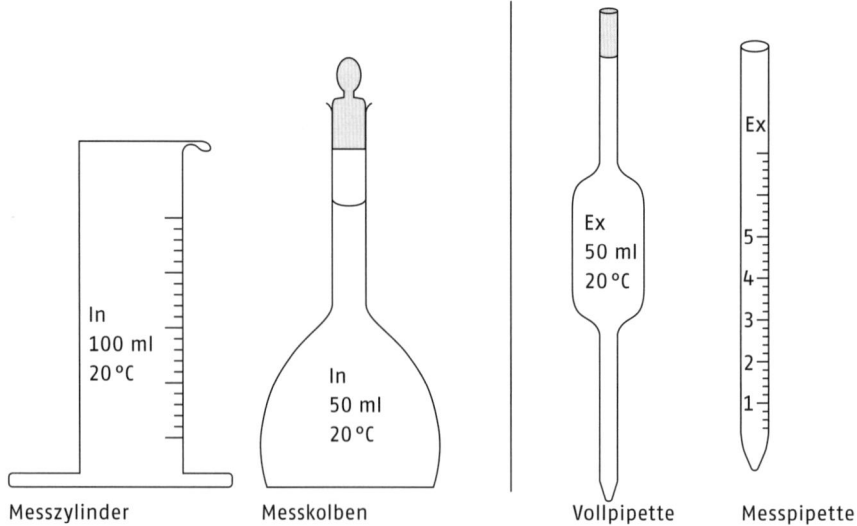

Messzylinder   Messkolben   Vollpipette   Messpipette

○ **Abb. 2.10** Volumenmessgeräte

Hinweis:

Bechergläser und **Erlenmeyerkolben:**
Trotz Maßeinteilung sehr ungenau → dienen der groben Orientierung.

Richtiger Umgang mit Volumenmessgeräten

■ Der richtige Umgang mit den Volumenmessgeräten ist wichtig, um exakte Messwerte zu erhalten. Es gilt zu beachten:
— Messgeräte müssen stets sauber sein.
— Funktionstüchtigkeit der Geräte vor Arbeitsbeginn überprüfen (speziell: Hähne der Büretten, ggf. mit Vaseline neu fetten).
— Geräte nach Gebrauch immer gut säubern.

Fehler bei der Volumenmessung

□ **Tab. 2.5** Fehler bei der Volumenmessung im Überblick

Fehler	Was ist falsch	So ist es richtig
Schräghaltefehler	Messgerät wird während des Ablesens schräg gehalten.	Gerät beim Ablesen gerade halten bzw. auf einer ebenen Unterlage platzieren.
Parallaxenfehler	Füllstand wird von schräg oben bzw. schräg unten abgelesen.	Der Füllstand muss stets auf Augenhöhe abgelesen werden.
Meniskusfehler	Der Meniskus wird beim Ablesen falsch berücksichtigt.	Ist der Meniskus nach unten gewölbt (**konkav**): am unteren Meniskusrand ablesen.
		Ist der Meniskus nach oben gewölbt (**konvex**): am oberen Meniskusrand ablesen.
		Ist die zu messende Flüssigkeit stark gefärbt bzw. undurchsichtig: Wert am oberen Meniskusrand ablesen.
Nachlauffehler	Der Messwert von Geräten, die auf Auslauf geeicht sind, wird zu schnell abgelesen.	Die auf dem Gerät befindliche Wartezeit berücksichtigen bzw. ca. 30 Sekunden bis zur Messwertbestimmung warten.

2.2.3 Bestimmung der Dichte von Flüssigkeiten

Pyknometer

- Dichtebestimmung mittels eines Pyknometers (⊙Abb. 2.11):
  - Temperaturschwankungen während der Messung meiden → Arbeitstemperatur: 20 °C ($\pm$ 0,5 °C).
  - Gewicht des trockenen, leeren Pyknometers mithilfe einer Analysenwaage bestimmen und notieren (= m_0).
  - Pyknometer mit Wasser R blasenfrei füllen und durch die Bohrung austretendes Wasser vorsichtig abwischen (z. B. Filterpapier). Gewicht mittels Analysenwaage bestimmen und notieren (= m_W).
  - Wasser ausgießen, Pyknometer vollständig trocknen.
  - Den gleichen Pyknometer mit der zu untersuchenden Flüssigkeit blasenfrei füllen, das Gewicht mittels Analysenwaage bestimmen und notieren (= m_{Fl}).
  - Berechnung der relativen Dichte: $d_{20}^{20} = \dfrac{m_{Fl} - m_0}{m_W - m_0}$
  - Umrechnung der relativen in die absolute Dichte: $d = \rho \cdot 1{,}0018$ → $\rho = \dfrac{d}{1{,}0018}$

Zur Bestimmung der relativen Dichte.

Wasser R: demineralisiertes Wasser.

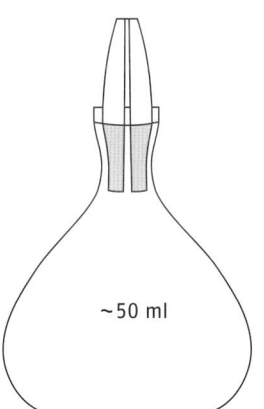

~50 ml

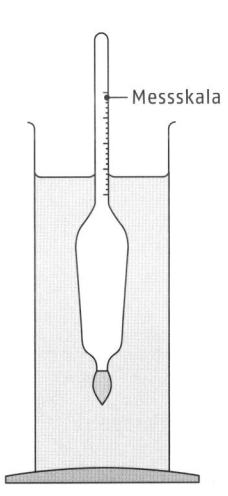

— Messskala

⊙ **Abb. 2.11** Pyknometer

⊙ **Abb. 2.12** Aräometer

Aräometer

- Beruht auf dem **Archimedischen Prinzip**: Ein Körper, der in eine Flüssigkeit eintaucht, erfährt eine nach oben gerichtete Auftriebskraft. Diese entspricht der Gewichtskraft des eintauchenden Körpers:
  Gewichtskraft der vom Köper verdrängten Flüssigkeit = Gewichtskraft des eingetauchten Körpers.
- Dichtebestimmung mittels eines Aräometers (⊙Abb. 2.12):
  - Das Aräometer ist wie ein Schwimmkörper, der am unteren Ende mit einem genau definierten Gewicht (z. B. Blei) gefüllt ist → Aräometer schwimmt stets senkrecht in der Prüfflüssigkeit (vorzustellen wie eine Boje im Meer).
  - Das Aräometer taucht so tief in die Flüssigkeit ein, bis gilt: verdrängte Flüssigkeitsmenge = Gewichtskraft des Aräometers.
    → Je größer die Dichte der Flüssigkeit, desto geringer ist die Eintauchtiefe des Messgeräts.
  - Der Dichtewert wird anhand einer am Hals befindlichen Dichteskala auf Höhe der Flüssigkeitsoberfläche abgelesen.
- Aräometer sind geeicht, teilweise auch auf spezielle Substanzen (z. B. Milchfett in Molkereien).
- Nachteil der Methode: große Substanzmenge erforderlich, da das Aräometer in der Flüssigkeit schwimmen muss.

Zur Bestimmung der absoluten Dichte.
Das Aräometer wird auch als Senkwaage, Senk- bzw. Dichtespindel oder Hydrometer bezeichnet.

Mohr-Westphal'sche Waage

- Dichtebestimmung mittels der Mohr-Westphal'schen Waage (○ Abb. 2.13):
  - Ungleicharmige Hebelwaage mit einem Senkkörper (Volumen bekannt) am langen Hebelarm und einem Gegengewicht am kurzen Hebelarm der Waage.
  - Die Waage wird in Luft austariert, sodass sie sich im Gleichgewicht befindet.
  - Nun wird der Senkkörper vollständig in die Flüssigkeit (20 °C) getaucht, wodurch er eine Auftriebskraft erfährt (Archimedisches Prinzip).
  - Die Waage gerät aus dem Gleichgewicht → mit Hilfe von Gewichtsreitern, die in Kerben des Waagebalkens eingehängt werden, wird die Waage erneut austariert.
  - Anhand dieser Gewichte können die Dichtewerte am Waagbalken abgelesen werden.
  - Durch Multiplikation mit 1,0018 wird der ermittelte Wert in die relative Dichte umgerechnet (▸ Kap. 2.1.4).
- Nachteile der Methode: Gerät ist relativ kompliziert und teuer.

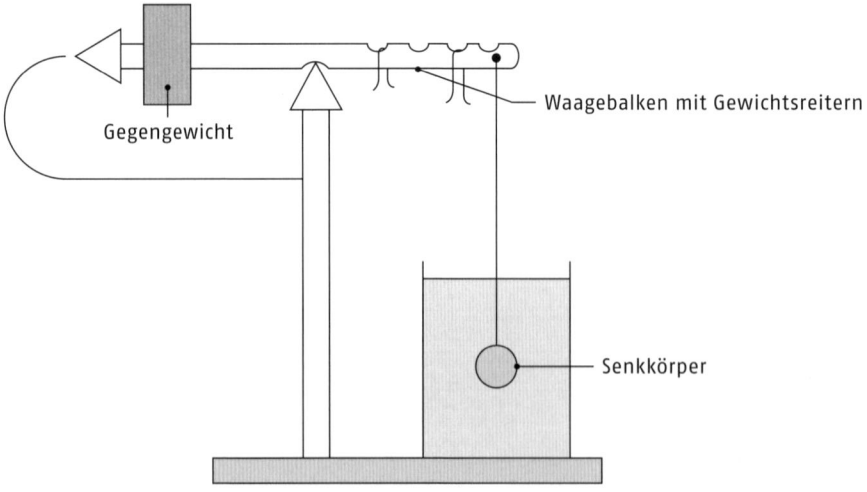

Gegengewicht

Waagebalken mit Gewichtsreitern

Senkkörper

○ **Abb. 2.13** Mohr-Westphal'sche Waage

2.2.4 Bestimmung der Dichte von festen und halbfesten Stoffen

- Bestimmung der Dichte von festen und halbfesten Stoffen in drei Schritten:
  1. Volumenbestimmung
     - Durch Berechnung (Länge · Breite · Höhe → Körper mit regelmäßiger Geometrie)
     - Anhand der Wasserverdrängung beim Eintauchen in Flüssigkeiten (→ Körper mit unregelmäßiger Geometrie)
  2. Massenbestimmung (Waage)
  3. Berechnung der Dichte: $\rho = \dfrac{m}{V}$

- Methode zur Dichtebestimmung von (halbfesten) Fetten und Wachsen: **Schwebeverfahren**.
  - Prinzip: Sind die Dichten des Körpers und der Flüssigkeit identisch, schwebt der Körper **in** dem Fluid (nicht an der Oberfläche).
  - Durchführung: Die Prüfsubstanz wird in einem Ethanol-Wasser-Gemisch zum Schweben gebracht → da die Substanz in der Flüssigkeit schwebt sind beide Dichten gleich groß → die Dichte der Flüssigkeit kann mithilfe eines Pyknometers bestimmt werden.

2.2.5 Bestimmung des Drucks

■ Messgeräte zur Bestimmung des Drucks in Flüssigkeiten und Gasen werden als **Manometer** bezeichnet.
■ Messgeräte zur Bestimmung des Luftdrucks heißen **Barometer**.

U-Rohr-Manometer

■ Ist ein durchsichtiges, U-förmiges Rohr, welches an einer Seite geschlossen, an der anderen Seite geöffnet ist (◯ Abb. 2.14).
■ Es ist mit einer Flüssigkeit (z. B. Quecksilber, Wasser) gefüllt.
■ Der Luftdruck, der das Rohr umgibt, drückt an der offenen Seite auf die Flüssigkeit, sodass diese auf der geschlossenen Seite höher steht als auf der offenen Seite.
■ Die Längendifferenz (Δh) dieser beiden Flüssigkeitssäulen (in Millimetern) entspricht dem äußeren Luftdruck.

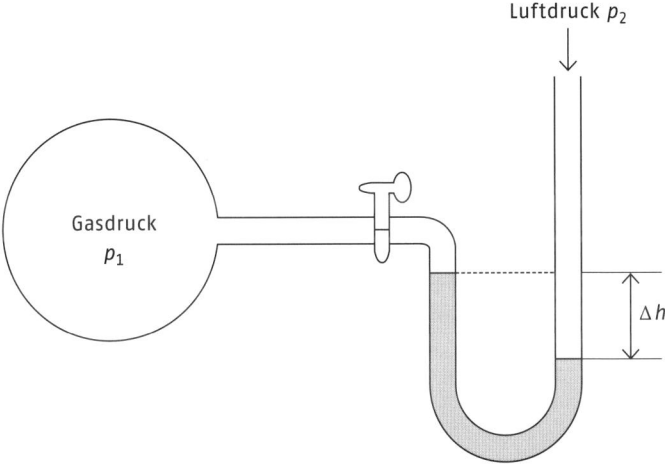

◯ **Abb. 2.14** U-Rohr-Manometer

Bestimmung des Blutdrucks

■ Normwerte: **120 mmHg** (Systole), **80 mmHg** (Diastole).
■ Unterscheidung:
— Messung des arteriellen Drucks.
— Messung des venösen Drucks.
— Messung des pulmonal arteriellen Drucks (Lungenschlagader).
— Messung des pulmonal kapillären Drucks (Lungenkapillargebiet).

Zur Ermittlung des Drucks in einem Blutgefäß.

Messung des arteriellen Drucks
Unterscheidung

■ Direkte Druckmessung
— Invasive Messung des Blutdrucks mittels eines Drucksensors.

= invasiv, blutig

Vorteile:	+	Genaue Messung
	+	Kontinuierliche Überwachung (z. B. während OP)
Nachteil:	–	Gefahr von Infektionen und Nervenverletzungen

■ Indirekte Druckmessung
— Blutdruckermittlung mittels eines Blutdruckmessgeräts an einer Extremität (meist Arm).

= nichtinvasiv, unblutig

Vorteile:	+	Schnelle Druckermittlung
	+	Kostengünstige Methode
Nachteil:	–	Ungenauer als invasive Methode

Tab. 2.6 Verfahren zur indirekten Blutdruckmessung

Verfahren	Vorgehensweise
Auskultatorische Messung	■ Druckmanschette an Oberarm anlegen.
	■ Manschette bis zum erwarteten arteriellen Druck aufpumpen (Arterie drückt gegen den Oberarmknochen → Blutfluss ist unterbrochen).
	■ Luft langsam ablassen → **Korotkow-Geräusch** ertönt (mit Hilfe eines Stethoskops über Armarterie hörbar).
	■ Messwert an Skala ablesen = **systolischer Wert**.
	■ Druck weiter ablassen → Geräusch verschwindet, wenn der minimale arterielle Druckwert unterschritten wurde = **diastolischer Druck**.
Palpatorische Messung	■ Druckmanschette an Oberarm anlegen.
	■ Puls ertasten.
	■ Manschette aufpumpen bis Puls verschwindet.
	■ Druck ablassen bis Puls wieder tastbar ist.
	■ Druck, der beim erstmals getasteten Puls auf der Skala angezeigt wird = **systolischer Wert**.
	■ Ermittlung des diastolischen Werts nicht möglich.
Oszillometrische Messung	■ Vorgehen wie bei Prinzip 1 und 2 jedoch:
	■ Anstatt des akustischen Signals werden beim Ablassen der Luft Oszillationen auf der Druckanzeige erfasst, die durch den wieder einsetzenden Puls hervorgerufen werden → systolischer und diastolischer Wert werden anhand mathematischer Algorithmen berechnet.

Oszillation = Schwingung

Fehlerquellen bei der Blutdruckmessung

- Messung erfolgt mit nicht kalibrierten Geräten.
- Messung erfolgt nicht auf Herzhöhe.
- Verwendung einer unpassenden Manschette (zu schmal oder zu breit).
- Keine Kontrollwerte des anderen Arms.
- Zu hohe Druckablassgeschwindigkeit (> 3 mmHg pro Sekunde).
- Keine Ruhezeit vor der Messung (mind. 5 min).
- Beeinflussende Faktoren, wie z. B. eine kurz vor der Messung eingenommene üppige Mahlzeit oder die Messung bei Fieber, werden nicht berücksichtigt.
- „Weißkittelhypertonie": Blutdruckwerte sind bei Messung in Arztpraxis oder Klinik immer erhöht, bei Selbstmessung bzw. bei ambulanten Messungen sind die Werte jedoch im Normbereich.

Unterscheiden sich die Blutdruckwerte bspw. am rechten und linken Arm, so ist der höhere der beiden Werte zu verwenden.

Für die Apothekenpraxis: Um einen möglichst korrekten Wert zu erhalten ist es wichtig, dass der Patient vor der Messung zur Ruhe kommt. Dazu führt man den Patienten am besten in den Raum, in dem die Blutdruckmessung stattfindet und lässt ihn dort einige Minuten verweilen.

2.2.6   Bestimmung der Viskosität

Kapillarviskosimeter

- Verwendung: Zur Viskositätsbestimmung newtonscher Fluide (▶ Kap. 2.1.6, Begriffsdefinitionen).
- Messprinzip: Eine definierte Menge der zu messenden Flüssigkeit fließt bei konstantem Druck durch ein dünnes Rohr (Kapillare) bekannter Länge und Radius.
- Die für den Durchfluss benötigte Zeit wird gemessen → Ermittlung der Viskosität:
  $\eta = K_0 \cdot \rho \cdot t$ (Gerätekonstante · Dichte der Flüssigkeit · Durchflusszeit).
  $v = K_0 \cdot t$ (kinematische Viskosität, wenn Dichte unbekannt).

■ Bestimmung der Viskosität mittels des Kapillarviskosimeters (◉ Abb. 2.15):
  — Das Viskosimeter wird durch das Rohr L mit einer ausreichenden Menge einer auf 20 °C
    temperierten Prüfflüssigkeit gefüllt, sodass das Vorratsgefäß A soweit gefüllt ist, dass das
    Niveau der Flüssigkeit im Gefäß B unterhalb der Öffnung des Rohrs M bleibt.
  — Das Viskosimeter wird 30 Minuten in ein Wasserbad, in dem eine Temperatur von 20 °C
    (± 0,1 °C) vorherrscht, gestellt.
  — Das Rohr M wird verschlossen und das Flüssigkeitsniveau im Rohr N bis ca. 8 mm über der
    Markierung E erhöht.
  — Durch Schließen des Rohrs N wird das Niveau der Flüssigkeit auf dieser Höhe gehalten.
  — Als nächstes öffnet man beide Rohre wieder und misst die Zeit, in welcher das Flüssig-
    keitsniveau von der Marke E zur Marke F sinkt.
  — Die Viskosität wird gemäß den bekannten Formeln berechnet (s. o.).

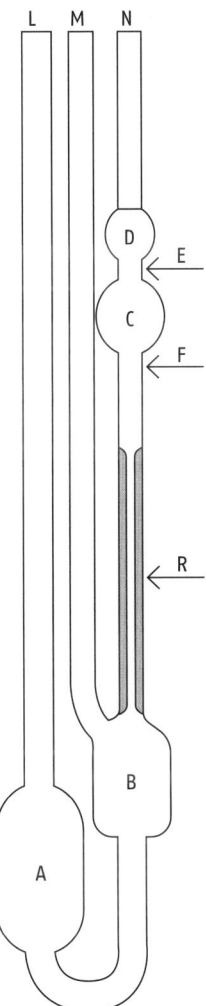

◉ **Abb. 2.15** Kapillarviskosimeter. Nach Ph. Eur. 7.4

Kugelfallviskosimeter nach Höppler

■ Verwendung: Zur Bestimmung durchsichtiger newtonscher Fluide.
■ Bestimmung der Viskosität mittels des Kugelfallviskosimeters (◉ Abb. 2.16):
  — In einem ca. 80° zur Waagerechten geneigten Rohr rollt und gleitet eine Kugel, welche
    mit der zu prüfenden Flüssigkeit gefüllt ist, herab.
  — Zu messen ist die Zeit, die benötigt wird, um eine definierte Messstrecke (Δs) zurückzule-
    gen.
  — Je zäher die Flüssigkeit, desto länger ist die Fallzeit der Kugel.

*Die Kugel besitzt einen mini-
mal geringeren Durchmesser
als die Röhre*

— Bestimmung der Viskosität:

$$\eta = K \cdot (\rho_K - \rho_{Fl}) \cdot t$$

K	= Gerätekonstante (Kugelkonstante)
$\rho_K - \rho_{Fl}$	= Dichtedifferenz zwischen Kugel und Flüssigkeit
t	= Fallzeit der Kugel

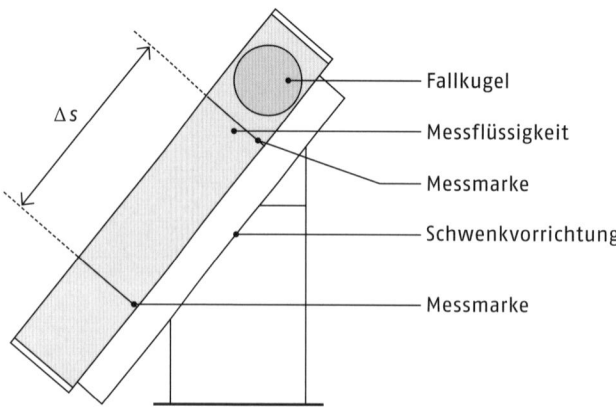

○ **Abb. 2.16** Kugelfallviskosimeter nach Höppler

Gemäß Ph. Eur. 7.4,
Kapitel 2.2.10

Rotationsviskosimeter

- ■ Verwendung: Zur Bestimmung von newtonschen und nicht-newtonschen Fluiden.
- ■ Prinzip: Die Kraft messen, die während einer konstanten Drehbewegung auf einen Rotor wirkt (= Drehmoment), während dieser sich in der Prüfflüssigkeit dreht (rotiert).
- ■ Bestimmung der Viskosität mittels des Rotationsviskosimeters (○ Abb. 2.17):
  - — Das Messgerät besteht aus einem inneren und einem äußeren Zylinder, zwischen welchen sich die zu untersuchende Flüssigkeit befindet.
  - — Einer der beiden Zylinder wird von einem Motor M in Bewegung gesetzt, sodass dieser stets mit konstanter Geschwindigkeit rotiert.
  - — Aufgrund der Viskosität (innere Reibung) der Flüssigkeit entsteht eine Kraft, die der Drehbewegung entgegengerichtet ist (= Drehmoment) und somit den rotierenden Zylinder abbremsen möchte.
  - — Durch das Messen dieses Drehmoments kann die Viskosität der zu prüfenden Flüssigkeit berechnet werden.

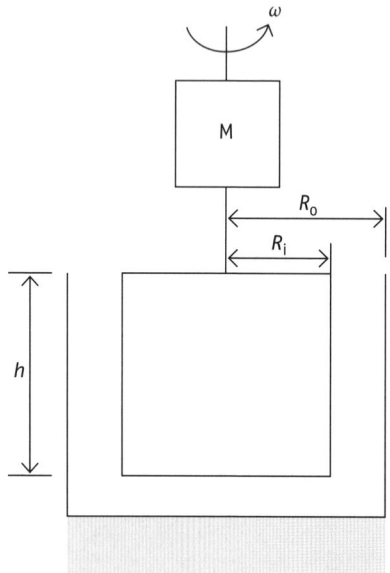

○ **Abb. 2.17** Rotationsviskosimeter. Nach Ph. Eur. 7.4

3   Wärmelehre

= Thermodynamik

Die Wärmelehre beschäftigt sich mit der Umwandlung von Wärme in andere Energieformen bzw. mit dem umgekehrten Vorgang. Eine wichtige Rolle in der Thermodynamik spielen die Größen **Temperatur**, **Druck** und **Volumen** bzw. deren Änderungen oder Zusammenhänge.

3

3.1   Temperatur

= eine Zustandsgröße der Thermodynamik, die den thermischen Zustand (Wärmezustand) eines Körpers bzw. eines Systems kennzeichnet. Sie sagt also aus, wie warm oder kalt ein Körper ist.

- Die Temperatur trifft eine Aussage über den energetischen Zustand von Materie (z.B. Atome, Moleküle) und damit über die Schwingungsstärke der einzelnen Teilchen (fest, flüssig, gasförmig).
- Sie steht in Wechselwirkung mit anderen Größen (z.B. Druck, Volumen, Dichte) und ist somit von diesen abhängig.
- Die Temperatur ist ein Maß für die im Stoff vorhandene Wärme (thermische Energie) (▸ Kap. 3.2).

Im Überblick:

Formelzeichen	T (K)
	Θ („theta", °C)
Einheiten	K = Kelvin (SI-Einheit)
	°C = Grad Celsius
Umrechnung	°C = K – 273,15
	K = °C + 273,15

- Zwei räumlich voneinander getrennte Körper besitzen dann die gleiche Temperatur, wenn sich bei der Vereinigung die ursprünglich vorhandene Temperatur nicht ändert (es findet keine Übertragung von Wärme statt).
- Besitzen beide Körper unterschiedliche Temperaturen, besteht so lange ein Wärmefluss von warm nach kalt, bis beide Körper die gleiche Temperatur besitzen.
- Das Temperaturempfinden des Menschen unterscheidet sich oft stark von der tatsächlichen (physikalischen) Temperatur. Man spricht hier von der „gefühlten Temperatur".
- Messgeräte zur Bestimmung der Temperatur werden als **Thermometer** bezeichnet.
- Es können jedoch auch andere Verfahren zur Temperaturbestimmung zur Anwendung kommen (z.B. Wärmestrahlung).

= Messgerät zur Bestimmung des Wärmezustands eines Stoffs.

3.1.1   Arten von Thermometern

◻ **Tab. 3.1** Überblick über die verschiedenen Thermometer-Typen

Thermometer	Messprinzip	Hinweise
Flüssigkeitsthermometer	▪ Nutzen die Volumenänderung von Flüssigkeiten in Kapillaren bei Temperaturänderung. ▪ Unmittelbare Messwertablesung der Flüssigkeitssäule an einer Skala. ▪ Flüssigkeit im Thermometer: Quecksilber, organische Flüssigkeiten (z.B. Alkohol, Toluol). ▪ Unsichtbare Flüssigkeiten müssen eingefärbt werden.	▪ Das Vorratsgefäß, in dem sich eine thermometrische Flüssigkeit befindet, muss komplett in die Flüssigkeit eintauchen, deren Temperatur zu bestimmen ist. ▪ Thermometer nicht zum Rühren verwenden. ▪ Thermometer niemals auf Boden des Messgefäßes fallen lassen (Thermometer könnte kaputt gehen → Messflüssigkeit könnte austreten).

Als thermometrische Flüssigkeit kommt beispielsweise Quecksilber zum Einsatz, wobei dieses aufgrund seiner giftigen Eigenschaft zunehmend durch Galinstan (= Legierung aus Gallium, Zinn, Indium) ersetzt wird.

Tab. 3.1 Überblick über die verschiedenen Thermometer-Typen (Fortsetzung)

Thermometer	Messprinzip	Hinweise
	▪ Schutzgasfüllung über der Flüssigkeit (z. B. Argon, Stickstoff) → verhindert Verdampfen der Flüssigkeit.	
Elektronische Thermometer, Widerstandsthermometer	▪ Nutzen die Temperaturabhängigkeit elektrischer Widerstände: Mit steigender Temperatur steigt der elektrische Widerstand proportional (im gleichen Verhältnis) an. ▪ Aufgrund der Temperaturerhöhung schwingen die Metallatome im Messsensor stärker → elektrischer Widerstand erhöht, Elektronenfluss verlangsamt. ▪ Widerstandsänderungen im Sensor werden gemessen und auf eine Anzeige (LCD-Display) übertragen.	▪ Das digitale Fieberthermometer ist ein aus dem Alltag bekanntes Beispiel. ▪ Nach Beendigung der Messung ist ein akustischer Ton zu vernehmen.
Pyrometer, Infrarotthermometer, (IR)-Thermometer	▪ Messwert wird anhand von Infrarotstrahlung bestimmt. ▪ Wärmestrahlung wird erfasst und in einen Temperaturwert umgewandelt.	▪ Messung erfolgt sehr schnell (< 2 Sekunden). ▪ Ohrthermometer misst Körpertemperatur im Gehörgang. ▪ Zur Messwertbestimmung ist kein Körperkontakt erforderlich.

3.1.2 Thermometer in der Beratungspraxis

Messgeräte zur Temperaturbestimmung finden nicht nur im Labor ihren Einsatz. Auch für den Beratungsalltag in der Apotheke spielen sie eine Rolle. Im Folgenden wird daher kurz auf diese Messgeräte eingegangen.

Fieberthermometer
- Fieberthermometer dienen der Bestimmung der Körpertemperatur.
- Der Messbereich geht für gewöhnlich von 35 °C bis 42 °C.
- Skalenschritt: 0,1 °C.
- Als Messergebnis zeigen alle Fieberthermometer die während der Messung ermittelte Höchsttemperatur an und nicht den zuletzt gemessenen Wert. Somit ist gewährleistet, dass die Höchsttemperatur auch dann noch abgelesen werden kann, wenn die aktuelle Temperatur inzwischen wieder gesunken ist.
- Unterscheidung nach der Messart:
  - Ausdehnungsthermometer
  - Digitales Fieberthermometer
  - Infrarotthermometer
  - Fieber-Schnelltest.

Ausdehnungsthermometer
- Messprinzip:
  - In dem Thermometer befindet sich eine Messflüssigkeit (z. B. Galinstan, Alkohol), welche sich in einem Vorratsgefäß (Kolben) am unteren Ende des Geräts befindet.
  - Bei Temperaturerhöhung dehnt sich die Messflüssigkeit aus und steigt eine Kapillare empor. Nimmt die Temperatur ab, zieht sie sich zusammen und sinkt nach unten.

Sidebar (left margin):

Elektrischer Widerstand:
$$R = \frac{U}{I}$$
→ Bezeichnet die elektrische Spannung, die erforderlich ist, um einen elektrischen Strom durch einen elektrischen Leiter fließen zu lassen.

Infrarotstrahlung wird umgangssprachlich auch als Wärmestrahlung bezeichnet, da sich Objekte unter ihrer Einwirkung erwärmen bzw. warme Objekte vor allem diese Strahlung aussenden.

Die normale Körpertemperatur liegt bei 37,0 °C. Die Körpertemperatur gilt als erhöht, wenn sie zwischen 37,5 °C und 37,9 °C liegt, was jedoch noch nicht als Fieber zu deuten ist. Fieber beginnt bei Temperaturen > 38,0 °C.

Flüssigkeitsthermometer
□ Tab. 3.1.

- Um die während der Messung ermittelte Höchsttemperatur ablesen zu können, besitzt die Kapillare einen kleinen Glasdorn. Dieser reißt den Flüssigkeitsfaden ab, sobald die Temperatur während der Messung sinkt.
- Die Körpertemperatur wird anhand einer auf dem Thermometer befindlichen Skala auf Höhe des oberen Endes der Flüssigkeitssäule abgelesen.
- Nach dem Ablesen der Temperatur muss das Thermometer kräftig geschüttelt werden, damit die Messflüssigkeit wieder zurück ins Vorratsgefäß gelangt.

3

■ Messarten:

After (rektal):	Fieberthermometer wird in den After eingeführt → genaueste Messwertbestimmung
Mundhöhle (oral):	Messspitze sollte sich möglichst unter der Zunge (sublingual) befinden → relativ genaues Messergebnis
Achselhöhle (axillar):	Messfühler befindet sich zur Messung in Achselhöhle → ungenaues Messergebnis

Vorteile:	+	wasserdicht → leicht zu reinigen, desinfizierbar
	+	keine Batterien erforderlich
	+	keine Kontaktallergie
Nachteil:	–	Fehler beim Ablesen möglich

Elektronische Messfühler können Kontaktallergien auslösen (Nickel).

Digitale Fieberthermometer

■ Messprinzip:
- Mit Hilfe eines elektronischen Sensors wird die Körpertemperatur gemessen.
- Ändert sich die Körpertemperatur, so ändert sich proportional (im gleichen Verhältnis) der elektrische Widerstand.
- Diese Widerstandsänderungen werden im elektronischen Sensor ausgewertet und auf eine Anzeige (LCD-Display) übertragen.
- Das Ende der Temperaturermittlung wird durch ein akustisches Tonsignal signalisiert.

■ Messarten:

After (rektal):	Fieberthermometer wird in den After eingeführt → genaueste Messwertbestimmung
Mundhöhle (oral):	Messspitze sollte sich möglichst unter der Zunge (sublingual) befinden → relativ genaues Messergebnis
Achselhöhle (axillar):	Messfühler befindet sich zur Messung in Achselhöhle → ungenaues Messergebnis

Auch als LCD-Fieberthermometer bezeichnet, da der Messwert auf einem LCD-Display abgelesen wird. LCD (englisch) steht für liquid crystal display, Flüssigkristallanzeige.

Elektronische Thermometer □ Tab. 3.1.

Vorteile:	+	kein Ablesefehler
	+	ggf. mit flexibler Spitze
	+	einfache Bedienung
	+	Speicherung von Messwerten möglich
Nachteile:	–	Batterien sind erforderlich
	–	ggf. Gefahr der Kontaktallergie aufgrund von Nickel im Messfühler

Schnuller-Thermometer

- Messprinzip:
  - Mit Hilfe eines elektronischen Sensors am Sauger wird die Körpertemperatur gemessen.
  - Ändert sich die Körpertemperatur, so ändert sich proportional (im gleichen Verhältnis) der elektrische Widerstand.
  - Diese Widerstandsänderungen werden im elektronischen Sensor ausgewertet und auf eine Anzeige (LCD-Display) am Mundschild übertragen.
  - Das Ende der Temperaturermittlung wird durch ein akustisches Tonsignal signalisiert.
- Messart:

Mundhöhle (oral): Schnuller misst im vorderen Mundbereich die Temperatur des Säuglings → relativ ungenaues Messergebnis

Vorteile:	+ kein Ablesefehler
	+ wasserdicht → leicht zu reinigen
Nachteile:	– Messung dauert einige Minuten → spuckt Kind während der Messung den Schnuller aus, muss erneut gemessen werden
	– Säuglinge akzeptieren oft nur ihren eigenen Schnuller
	– Messwert kann von der tatsächlichen Körpertemperatur abweichen, da nur im vorderen Mundbereich gemessen wird (hier: geringere Temperatur) → Körpertemperatur nur annähernd bestimmbar

Infrarot-Fieberthermometer

- Messprinzip:
  - Messen die vom Trommelfell oder der Stirn abgestrahlte Infrarotstrahlung (Wärmestrahlung).
  - Die Infrarotstrahlung wird von einer kleinen optischen Linse registriert, in einen Temperaturwert umgerechnet und digital angezeigt.
  - Das Ende der Temperaturermittlung wird durch ein akustisches Tonsignal signalisiert.
- Messarten:

Gehörgang (tympanal): Das Thermometer misst die Wärmestrahlung, die vom Gehörgang ausgeht → sehr genaues Messergebnis

Stirn: Das Thermometer misst die Wärmestrahlung, die von der Stirn ausgeht → relativ genaues Messergebnis

Vorteile:	+ sehr geringe Messdauer (wenige Sekunden) → besonders für die Bestimmung der Körpertemperatur von Kleinkindern geeignet
	+ berührungslose Messwertbestimmung → Reinigung, Desinfektion nicht erforderlich
Nachteil:	– Messergebnisse können leicht verfälscht werden (z. B. durch Ohrenschmalz, Baden, Hörgeräte)

Hinweis für Personen mit Hörgeräten: Das Hörgerät sollte ca. 20 Minuten vor der Messung entnommen werden, um ein möglichst genaues Ergebnis zu erhalten.

Fieber-Schnelltest

- Messprinzip:
  - Fieber-Schnelltests sind Kunststoffstreifen, die eine erhöhte Körpertemperatur durch einen Farbumschlag bzw. durch das Erscheinen eines Buchstabens anzeigen.
  - Die Streifen enthalten thermochrome Farbstoffe, welche bei Temperaturänderung umschlagen.

■ Messart:

Aufkleben auf die Haut: Die Kunststoff-Streifen werden auf die Haut (i. d. R. Stirn) aufgeklebt → kein Messergebnis, lediglich Hinweis auf erhöhte Körpertemperatur

Vorteil:	+	einfache Methode zur Kontrolle, ob die Temperatur erhöht ist oder nicht
Nachteil:	–	keine Bestimmung eines konkreten Messwerts

Basalthermometer
■ Zur Bestimmung der Basaltemperatur der Frau.
■ Hintergrund:
— Anhand der Basaltemperatur können die Stadien des Menstruationszyklus ermittelt werden → Ermittlung der fruchtbaren und unfruchtbaren Tage.
— Nach dem Eisprung steigt die Temperatur im Durchschnitt um 0,2–0,6 °C an und bleibt bis zum Beginn der nächsten Periode erhöht.
■ Messprinzip Ausdehnungsthermometer:
— In dem Thermometer befindet sich eine Messflüssigkeit (z. B. Galinstan, Alkohol), welche sich in einem Vorratsgefäß (Kolben) am unteren Ende des Geräts befindet.
— Bei Temperaturerhöhung dehnt sich die Messflüssigkeit aus und steigt eine Kapillare empor. Nimmt die Temperatur ab, zieht sie sich zusammen und sinkt nach unten.
— Um die während der Messung ermittelte Höchsttemperatur ablesen zu können, besitzt die Kapillare einen kleinen Glasdorn. Dieser reißt den Flüssigkeitsfaden ab, sobald die Temperatur während der Messung sinkt.
— Die Körpertemperatur wird anhand einer auf dem Thermometer befindlichen Skala auf Höhe des oberen Endes der Flüssigkeitssäule abgelesen.
— Nach dem Ablesen der Temperatur muss das Thermometer kräftig geschüttelt werden, damit die Messflüssigkeit wieder zurück ins Vorratsgefäß gelangt.
■ Messprinzip digitales Thermometer:
— Mit Hilfe eines elektronischen Sensors wird die Körpertemperatur gemessen.
— Ändert sich die Körpertemperatur, so ändert sich proportional (im gleichen Verhältnis) der elektrische Widerstand.
— Diese Widerstandsänderungen werden im elektronischen Sensor ausgewertet und auf eine Anzeige (LCD-Display) übertragen.
— Das Ende der Temperaturermittlung wird durch ein akustisches Tonsignal signalisiert.
■ Messarten:

Vagina (vaginal): Thermometer wird in die Vagina eingeführt → genaues Messergebnis

After (rektal): Thermometer wird in den After eingeführt → genaues Messergebnis

Mundhöhle (oral): Messspitze sollte sich möglichst unter der Zunge (sublingual) befinden → relativ genaues Messergebnis

Vorteile:	+	sehr exakte Messwertbestimmung
	+	schnelle Messwertbestimmung (meist < 1 min)
Nachteile:	–	hat man sich für eine Messart entschieden, sollte man diese konsequent einhalten
	–	tägliche Messwertbestimmung erforderlich
	–	Messwerte müssen in einem Kurvenblatt eingetragen werden, sodass die Basalkurve und somit der Monatszyklus grafisch dargestellt werden kann

Thermochromie: Farbänderung bei Erwärmung aufgrund einer Änderung der Molekül-/Kristallstruktur. Der Vorgang ist reversibel: Bei Abkühlung nimmt der Stoff wieder seine ursprüngliche Farbe an. Beispiel: Zinkoxid (Farbumschlag von weiß nach gelb).

3

Die Körpertemperatur ändert sich im Laufe des Tages und ist nachts am geringsten (ca. 3:00 Uhr). Dieser Wert der geringsten Körpertemperatur wird als Basaltemperatur bezeichnet. Da man nachts verständlicherweise lieber schläft, wird die Temperatur am Morgen nach dem Aufwachen und vor dem Aufstehen gemessen.

Hinweis: Die Skaleneinteilung bei den Basalthermometern beträgt 0,05 °C, da eine exaktere Messwertangabe erforderlich ist.

Badethermometer

- Messprinzip Ausdehnungsthermometer:
  - In dem Thermometer befindet sich eine Messflüssigkeit (z. B. Galinstan, Alkohol), welche sich in einem Vorratsgefäß (Kolben) am unteren Ende des Geräts befindet.
  - Bei Temperaturerhöhung dehnt sich die Messflüssigkeit aus und steigt eine Kapillare empor. Nimmt die Temperatur ab, zieht sie sich zusammen und sinkt nach unten.
  - Um die während der Messung ermittelte Höchsttemperatur ablesen zu können, besitzt die Kapillare einen kleinen Glasdorn. Dieser reißt den Flüssigkeitsfaden ab, sobald die Temperatur während der Messung sinkt.
  - Die Körpertemperatur wird anhand einer auf dem Thermometer befindlichen Skala auf Höhe des oberen Endes der Flüssigkeitssäule abgelesen.
  - Nach dem Ablesen der Temperatur muss das Thermometer kräftig geschüttelt werden, damit die Messflüssigkeit wieder zurück ins Vorratsgefäß gelangt.
- Messprinzip digitale Badethermometer:
  - Mit Hilfe eines elektronischen Sensors wird die Wassertemperatur gemessen.
  - Ändert sich die Wassertemperatur, so ändert sich proportional (im gleichen Verhältnis) der elektrische Widerstand.
  - Diese Widerstandsänderungen werden im elektronischen Sensor ausgewertet und auf eine Anzeige (LCD-Display) übertragen.
  - Das Ende der Temperaturermittlung wird durch ein akustisches Tonsignal signalisiert.
- Messart:

Wasserkontakt: Das Thermometer steht mit dem Wasser, dessen Temperatur zu bestimmen ist, in direktem Kontakt → relativ genaue Messwertbestimmung

Vorteile:	+ sichere Kontrolle der Wassertemperatur, speziell für Säuglings- und Kleinkindbäder
	+ unkomplizierte Messwertbestimmung
Nachteile:	– Badethermometer sehen meist aus wie Spielzeug, sollten aber nicht als solches verwendet werden

3.2   Wärme

Temperatur bezeichnet einen Zustand der Materie, Wärme ist eine Energieform.

- Ist abzugrenzen von der Temperatur (oft verwechselt bzw. synonym verwendet).
- Ist ein Maß für die **thermische Energie**, die von einem Körper abgegeben oder aufgenommen wird.
- Ein Austausch thermischer Energie erfolgt immer dann, wenn zwischen zwei Körpern oder zwischen einem Körper und seiner Umgebung eine Temperaturdifferenz besteht.
- Wärme kann wie folgt übertragen werden:
  - **Strahlung:** Die Wärme wird durch elektromagnetische Wellen (Infrarotstrahlung) übertragen.

Wärmeströmung wird auch als Konvektion bezeichnet.

  - **Strömung:** Die Wärme wird durch strömende Flüssigkeiten (z. B. Wasser) oder strömende Gase (z. B. Luft) übertragen.

Erfolgt die Wärmeleitung zwischen zwei unterschiedlichen Stoffen, unterscheidet man zwischen Wärmeübergang (Wärme geht von Stoff 1 auf Stoff 2 über) und Wärmedurchgang (Wärme geht auf Stoff 2 über, indem sie durch Stoff 1 hindurch geht).

  - **Leitung:** Die Wärme wird von Bereichen höherer Temperatur zu Bereichen mit niedriger Temperatur übertragen, wobei die Wärmeleitfähigkeit stoffspezifisch ist.
- Thermische Energie hat Einfluss auf die **Temperatur**, den **Druck**, das **Volumen** und den **Aggregatzustand** eines Körpers.

Wärme im Überblick:

Formelzeichen	Q
Einheiten	J (Joule) = 1 N · m = 1 W · s
	cal (Kalorie)
Umrechnung	1 cal = 4,19 J
	1 J = 0,239 cal
	1 kcal = 4,19 kJ

■ **Wärmekapazität:**   Gibt an, wie viel thermische Energie (Q) ein Körper bei einer bestimmten Temperaturdifferenz (ΔT) aufnimmt bzw. abgibt.

Formelzeichen $C = \dfrac{Q}{\Delta T}$

Einheit $\dfrac{J}{K}$

■ **Spezifische Wärmekapazität:**   Gibt an, wie viel thermische Energie (Q) notwendig ist, um ein Kilogramm eines Reinstoffs um ein Kelvin zu erwärmen.

Formelzeichen $c = \dfrac{Q}{m \cdot \Delta T}$

Einheit $\dfrac{J}{kg \cdot K}$

Je mehr Energie zur Erwärmung eines Körpers notwendig ist, umso besser speichert er auch die Wärme (gibt sie nur langsam wieder ab).

3.3   Übergänge zwischen Aggregatzuständen

Jeder Stoff besteht aus kleinsten Teilchen, welche ständig in Bewegung sind. Sie besitzen somit eine **kinetische Energie** (Bewegungsenergie). Dieser Energie wirken die gegenseitigen Anziehungskräfte der Teilchen untereinander (**Kohäsionskräfte**) entgegen. Kinetische Energie und Kohäsionskräfte stehen miteinander in Verbindung und haben Einfluss auf den Aggregatzustand eines Stoffs:

■ hohe Kohäsionskräfte, geringe kinetische Energie der Teilchen → fest.
■ geringe Kohäsionskräfte, hohe kinetische Energie der Teilchen → gasförmig.

Kohäsionskräfte und kinetische Energie werden von äußeren Bedingungen (z. B. Temperatur) beeinflusst.

Aggregatzustände: fest, flüssig, gasförmig. Physikalischer Zustand eines Stoffs, der u. a. von der Temperatur abhängig ist.

Je nachdem, ob Element oder Verbindung, handelt es sich bei den „kleinsten Teilchen" um Atome oder Moleküle.

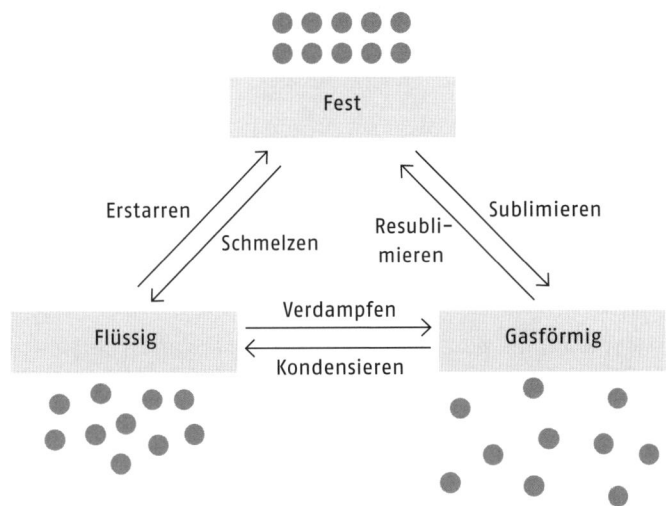

○ **Abb. 3.1** Darstellung der Übergänge zwischen den Aggregatzuständen

3.3.1 Schmelzung und Erstarrung

Schmelzung

- Änderung des Aggregatzustands eines Stoffs von **fest → flüssig**.
- Die regelmäßig angeordneten Teilchen des Feststoffs verlassen ihre Anordnung, die Abstände untereinander vergrößern sich und die kinetische Energie steigt (○ Abb. 3.1).

Auch Schmelzpunkt genannt, druckabhängig.

Schmelztemperatur:	▪ Ist die Temperatur, bei der ein Stoff zu schmelzen beginnt.
	▪ Verwendung: Reinheitsprüfung/Identitätsbestimmung nach Ph. Eur.
	▪ Hinweis: Ein Stoff schmilzt und erstarrt bei der gleichen Temperatur → **Schmelztemperatur = Erstarrungstemperatur**. Beim Schmelz- und Erstarrungspunkt liegt der Stoff somit sowohl im flüssigen als auch im festen Aggregatzustand vor.

Scharfer Schmelzpunkt: Der Stoff (meist rein, organisch) besitzt einen spezifischen Schmelzpunkt (± 1 °C).

Auch Gefrierpunkterniedrigung, Schmelzpunktdepression genannt.

Schmelzpunkterniedrigung: Die Schmelztemperatur ist aufgrund von Verunreinigungen, Zwischenprodukten oder Gemischen niedriger als die des reinen Stoffs.

Spezifische Schmelzwärme: Ist die Menge an thermischer Energie, die notwendig ist, um 1 kg eines festen Stoffs vollständig zu schmelzen.

Tropfpunkt: Die Temperatur, bei der ein fester Stoff unter vorgegebenen Prüfbedingungen flüssig wird und sich ein erster Tropfen aus der Stoffprobe löst.

□ **Tab. 3.2** Bestimmungsmethoden beim Schmelzen von Stoffen

Ausführlich beschrieben in ▶ Kap. 3.4.

Kenngrößen charakterisieren die Eigenschaften eines Stoffs. Sie können mit oder ohne Einheiten (dimensionslos) angegeben werden.

Thermische Kenngröße	Methode	Anwendung
Schmelztemperatur	Kapillarmethode (Ph. Eur.)	Organische Feststoffe (z. B. Zitronensäure)
	Steigschmelzpunkt – Methode mit offener Kapillare (Ph. Eur.)	Halbfeste Stoffe (z. B. Fette)
	Apparatur nach Thiele	Organische Feststoffe
	Elektronisches Schmelzpunktgerät	Organische Feststoffe
Tropfpunkt	Tropfpunktthermometer nach Ubbelohde	Halbfeste Stoffe, Stoffgemische (z. B. Fette, Wachse)

Erstarrung

- Änderung des Aggregatzustands eines Stoffs von **flüssig → fest**.
- Die Teilchen ordnen sich wieder regelmäßig an (kristalline Struktur), die Abstände untereinander verringern sich und die kinetische Energie sinkt (○ Abb. 3.1).

Auch Gefrierpunkt genannt. Es gilt: Schmelztemperatur = Erstarrungstemperatur.

Erstarrungstemperatur: Ist die Temperatur, bei der ein Stoff zu erstarren beginnt (Übergang flüssig → fest).

Gefrierpunkterniedrigung: Entspricht der Schmelzpunkterniedrigung.

■ Eutektikum/eutektisches Gemisch: Mischung von mindestens zwei Stoffen, die nicht im festen, aber im flüssigen Zustand vollständig mischbar sind. Im Eutektikum liegt die stärkste Schmelzpunkterniedrigung vor.

> Schmelzpunkterniedrigung: Der Schmelzpunkt von Gemischen ist niedriger als der des Reinstoffs.

3

■ Hintergrund: Der Erstarrungsprozess (flüssig → fest) des flüssigen Stoffgemischs hängt vom Mischungsverhältnis der Stoffe ab.

■ Beispiel: Stoff A: hohe Konzentration; Stoff B: niedrige Konzentration

— Stoff A beginnt aufgrund der höheren Konzentration noch vor Stoff B mit dem Erstarrungsprozess → Ausbildung erster Kristalle (Stoff A); weiterhin vorliegend: Schmelze (Rest Stoff A + Stoff B) = **Zweiphasengebiet**.

— Ab einer bestimmten Temperatur sind beide Ausgangsstoffe fest. Diese Temperatur bezeichnet man als **eutektische Temperatur**.

Eutektischer Punkt: Ist die Temperatur, bei der ein eutektisches Gemisch direkt vom festen in den flüssigen Zustand übergeht, ohne Entstehung eines Zweiphasengebiets.

◻ **Tab. 3.3** Methoden zur Bestimmung der Erstarrungstemperatur

Thermische Kenngröße	Methode	Anwendung
Erstarrungstemperatur	Bestimmung der Erstarrungstemperatur nach Ph. Eur. 7.4, Kapitel 2.2.18	Stoffe mit niedrigen Schmelzpunkten (z. B. Essigsäure 99 %)
	Rotierendes Thermometer	Stoffe ohne exakte Erstarrungstemperatur (z. B. Fette, Wachse)

> Ausführlich beschrieben in ▸ Kap. 3.4.

3.3.2 Verdampfung und Kondensation

Verdampfung
■ Änderung des Aggregatzustands eines Stoffs von **flüssig → gasförmig**.
■ Die Teilchen beginnen heftig zu schwingen, die Abstände untereinander vergrößern sich und die kinetische Energie nimmt stark zu (○ Abb. 3.1).

Siedetemperatur: Ist die Temperatur, bei der ein Stoff zu sieden beginnt (Übergang flüssig → gasförmig).

> Auch *Siedepunkt* genannt.

Siedebereich: Ist die Temperatur, bei der ein Stoffgemisch zu sieden beginnt (Übergang flüssig → gasförmig).

Dampf: Das Gas, das bei der Verdampfung (flüssig → gasförmig) oder Sublimation (fest → gasförmig) entstanden ist und noch mit der flüssigen oder festen Phase in Kontakt steht.

Dampfdruck: Ist der Druck, der sich in einem abgeschlossenen System einstellt, wenn Dampf und die zugehörige flüssige Phase sich im thermodynamischen Gleichgewicht befinden.

> Thermodynamisches Gleichgewicht heißt, dass kein Wärmeaustausch mehr stattfindet.

■ Stoff- und temperaturabhängig

■ Offenes System: Dampfdruck der Flüssigkeit = Umgebungsdruck → Flüssigkeit beginnt zu sieden

■ Ist die flüssige Phase komplett verdampft, so spricht man nicht mehr vom Dampfdruck, sondern vom Gasdruck

Auch Kondensationswärme genannt.

| Verdampfungswärme: | Ist die Energie, die notwendig ist, damit die Teilchen die zwischenmolekularen Kräfte überwinden und in den gasförmigen Zustand übergehen können. |

| Spezifische Verdampfungswärme: | Ist die Menge an thermischer Energie, die notwendig ist, um 1 kg eines flüssigen Stoffs vollständig zu verdampfen. |

Ausführlich beschrieben in ► *Kap. 3.4.*

□ **Tab. 3.4** Methoden zur Bestimmung der Siedetemperatur bzw. des Siedebereichs

Thermische Kenngröße	Methode	Anwendung
Siedetemperatur	Siederohr nach DAB	Reine Flüssigkeiten
	Destillationsapparatur (Ph. Eur.)	Reine Flüssigkeiten
Siedebereich	Destillationsapparatur (Ph. Eur.)	Flüssigkeitsgemische

Auch als Hochdrucksterilisator, Dampfdrucktopf oder Sikotopf (Schnellkochtopf) bezeichnet.

Übliche Rahmenbedingungen bei der Autoklavierung: 121 °C, ca. 2 bar, 15–20 min oder: 134 °C, ca. 3 bar, 5 min.

Wasserdampf ist dann gesättigt, wenn in einem geschlossenen Gefäß ein Gleichgewicht zwischen Wasser und Wasserdampf besteht. Der Druck, der bei diesem Zustand vorherrscht, wird als Sättigungsdruck bezeichnet. Wird das Wasser (in einem geschlossenen Gefäß) über den Siedepunkt hinaus erhitzt, so entsteht gespannter Wasserdampf.

Autoklav

■ Der Autoklav ist ein gasdicht verschließbarer Druckbehälter, der u. a. zur Sterilisation (z. B. Verbandstoffe, Laborgeräte) verwendet wird.

■ Den Vorgang der Sterilisation mittels eines Autoklaven bezeichnet man als **Autoklavierung**.

■ Funktionsweise (○ Abb. 3.2):

— Zunächst wird der Innenraum entlüftet, indem der gesättigte und gespannte Wasserdampf die atmosphärische Luft durch ein Entlüftungsventil verdrängt. (Die Entlüftung wird vorgenommen, weil Luft ein schlechter Wärmeleiter ist.)

— Nach dem Entlüften wird das Entlüftungsventil geschlossen und der Innenraum auf die gewünschte Temperatur aufgeheizt (meist 121 °C bis 134 °C).

— Nun beginnt die Sterilisationsphase, die je nach Keimbelastung und Sterilisationstemperatur andauert.

— Der Sterilisationsvorgang wird mit der Abkühlphase beendet.

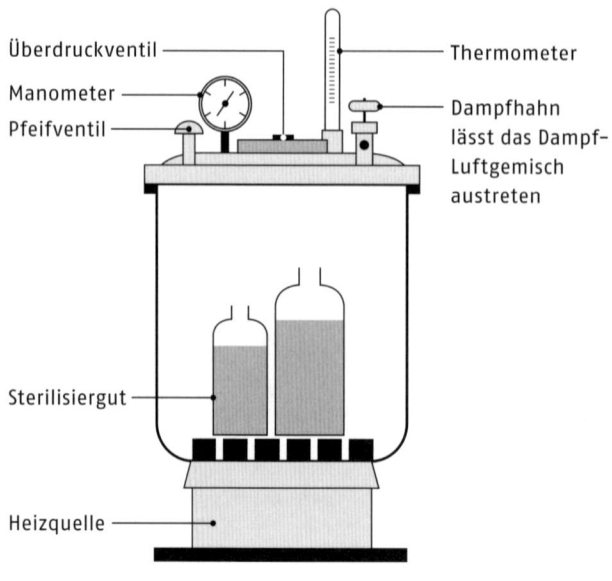

Überdruckventil ——— Thermometer

Manometer ——— Dampfhahn lässt das Dampf-Luftgemisch austreten

Pfeifventil ———

Sterilisiergut ———

Heizquelle ———

○ **Abb. 3.2** Autoklav

Kondensation

■ Änderung des Aggregatzustands eines Stoffs von **gasförmig → flüssig**.

■ Die Teilchen schwingen weniger stark, die Abstände untereinander verringern sich wieder und die kinetische Energie nimmt ab (○ Abb. 3.1).

Auch Kondensationspunkt genannt.

| Kondensationstemperatur: | Ist die Temperatur, bei der ein Stoff zu kondensieren beginnt (Übergang gasförmig → flüssig). |

3.3.3 Sublimation und Resublimation

Sublimation

■ Änderung des Aggregatzustands eines Stoffs von **fest → gasförmig**.

Sublimationstemperatur: Ist die Temperatur, bei der ein Stoff zu sublimieren beginnt (Übergang fest → gasförmig).

■ Beispiele: Iod, Bor oder Campher sublimieren bei Erhitzung unter Normaldruck.

Resublimation

■ Änderung des Aggregatzustands eines Stoffs von **gasförmig → fest**.

■ Beispiel: In der Luft befindliches Wasser resublimiert im Gefrierfach, wenn es mit den kalten Wänden in Kontakt kommt → das Gefrierfach vereist, sodass es gelegentlich abgetaut werden muss.

3.4 Bestimmungsmethoden

3.4.1 Schmelztemperatur

Apparatur nach Thiele

■ Vorgehen zur Bestimmung der Schmelztemperatur mittels der Apparatur nach Thiele (○ Abb. 3.3):

— Thiele-Apparatur und ein Thermometer werden an einem Stativ befestigt und die Apparatur mit der Heizbadflüssigkeit (z. B. Siliconöl, flüssiges Paraffin) gefüllt.

— Die zu prüfende Substanz wird nach Anweisung (Prüfvorschrift) vorbereitet und eine ausreichende Substanzmenge (ca. 3–6 mm hohe Substanzsäule) kompakt in eine Schmelzpunktkapillare eingefüllt.

— Die Thiele-Apparatur besitzt zwei Seitenrohre. In eines davon wird die Schmelzpunktkapillare eingesetzt. In das zweite Seitenrohr wird eine leere Kapillare eingebracht.

— Die Heizquelle wird unterhalb des Bogens aufgestellt und die Heizbadflüssigkeit bis etwa 10 °C unterhalb des zu erwartenden Schmelzpunktes erwärmt.

— Die Temperatur wird nun so eingestellt, dass sich die Flüssigkeit um 1 °C pro Minute aufheizt.

— Die Temperatur, bei der die Substanz klar geschmolzen ist und keine Feststoffpartikel mehr aufweist, ist als Schmelztemperatur anzusehen.

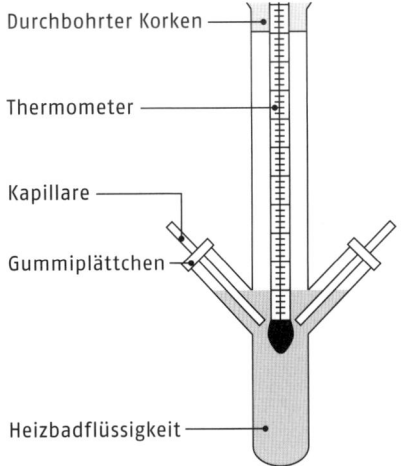
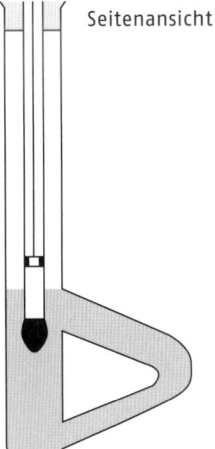

Durchbohrter Korken

Thermometer

Kapillare

Gummiplättchen

Seitenansicht

Heizbadflüssigkeit

○ **Abb. 3.3** Apparatur nach Thiele

Gemäß Ph. Eur. 7.4, Kapitel 2.2., Methoden der Physik und der physikalischen Chemie.

Tipp: In der Anlage M des DAC sind einige Schmelztemperaturen aufgelistet.

Mit dem Thermometer wird die Temperatur der Heizbadflüssigkeit kontrolliert. Daher muss es so angebracht werden, dass es in die Flüssigkeit eintaucht.

Die Substanz wird „kompakt", indem man die Kapillare mehrmals in einem langen Glasrohr herabfallen lässt, wodurch sich die Substanz verdichtet.

Zur Ermittlung einer möglichst exakten Schmelztemperatur ist darauf zu achten, dass die Schmelzpunktkapillare mit dem Vorratsgefäß des Thermometers in Kontakt steht.

Der Bogen erspart aufgrund der dadurch entstehenden Zirkulation das Rühren der Heizbadflüssigkeit.

3

Gemäß Ph. Eur. 7.4, Kapitel 2.2.14, Schmelztemperatur – Kapillarmethode.

Das Thermometer wird so angebracht, dass sich die Eintauchmarkierung des Thermometers in der Nähe der Oberfläche der Heizflüssigkeit befindet.

I. d. R. wird die fein pulverisierte Substanz 24 Stunden lang im Vakuum über Sicagel R getrocknet.

Die Substanz wird „kompakt", indem man die Kapillare mehrmals in einem langen Glasrohr herabfallen lässt, wodurch sich die Substanz verdichtet.

Gemäß Ph. Eur. 7.4, Kapitel 2.2.15, Steigschmelzpunkt – Methode mit offener Kapillare.

In der Regel muss das Fett vor dem Einbringen in die Glaskapillaren geschmolzen werden.

Die Substanz steigt aufgrund des Dichteunterschieds, welcher auf die Temperaturänderung zurückzuführen ist.

Kapillarmethode

- Vorgehen zur Bestimmung der Schmelztemperatur mittels der Kapillarmethode:
  - Ein geeignetes Glasgefäß wird mit einer Heizbadflüssigkeit (z. B. Wasser, Siliconöl) gefüllt und mit einer geeigneten Heizvorrichtung verbunden.
  - Eine Rührvorrichtung gewährleistet eine gleichmäßige Temperatur der Heizbadflüssigkeit.
  - Über ein Thermometer mit Eintauchmarkierung kann die Temperatur abgelesen werden. Die Skala sollte in Teilschritte von mindestens 0,5 °C unterteilt sein und maximal 100 °C umfassen.
  - Die zu prüfende Substanz wird nach Anweisung (Prüfvorschrift) vorbereitet und eine ausreichende Substanzmenge (ca. 4–6 mm hohe Substanzsäule) kompakt in eine einseitig offene Kapillare eingebracht.
  - Die Heizbadflüssigkeit wird auf ca. 10 °C unterhalb der zu erwartenden Schmelztemperatur erhitzt und anschließend um 1 °C pro Minute erhöht.
  - Bei ca. 5 °C unterhalb der zu erwartenden Schmelztemperatur wird die Glaskapillare, in der sich die Substanz befindet, so angebracht, dass sich die Substanz auf Höhe des Vorratsgefäßes des Thermometers befindet.
  - Die Temperatur ist abzulesen, wenn das letzte Substanzteilchen in die flüssige Phase übergegangen ist. Diese Temperatur ist die ermittelte Schmelztemperatur.
- Kalibrierung: Die Apparatur kann anhand von Schmelzpunkt-Referenzsubstanzen oder anderen dazu geeigneten Substanzen kalibriert werden.

Steigschmelzpunkt – Methode mit offener Kapillare

- Zur Bestimmung der Schmelztemperatur von Fetten oder fettähnlichen Substanzen.
- Vorgehen zur Bestimmung des Steigschmelzpunkts mittels der Methode mit offener Kapillare (○ Abb. 3.4):
  - Die zu prüfende Substanz wird nach Anweisung (Prüfvorschrift) vorbereitet und eine ausreichende Substanzmenge (ca. 10 mm hohe Substanzsäule) in jeweils fünf Glaskapillaren eingebracht, welche an beiden Seiten offen sind.
  - Die Glaskapillaren werden eine bestimmte Zeit bei vorgeschriebener Temperatur stehen gelassen, sodass die Schmelze wieder erstarren kann.
  - Eine der fünf Kapillaren wird so an einem Thermometer senkrecht befestigt, dass sich die Substanz auf Höhe des Vorratsgefäßes befindet.
  - Das Thermometer wird ca. 1 cm oberhalb des Bodens eines Becherglases befestigt.
  - Das Becherglas wird mit Wasser gefüllt, das eine Füllhöhe von 5 cm aufweist.
  - Die Wassertemperatur wird nun konstant um 1 °C pro Minute erwärmt.
  - Die Temperatur, bei der die Substanz in der Glaskapillare zu steigen beginnt, ist als Schmelztemperatur anzusehen.
  - Da diese Methode recht ungenau ist, wird das Vorgehen mit den anderen vier Glaskapillaren wiederholt und ein Mittelwert aus den fünf Messungen gebildet.

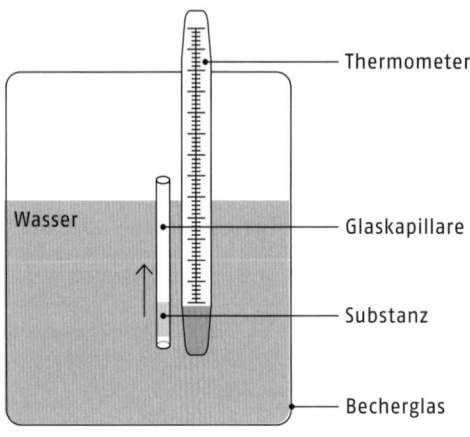

○ **Abb. 3.4** Methode mit offener Kapillare

Elektronisches Schmelzpunktgerät

■ Vorgehen zur Bestimmung der Schmelztemperatur mittels eines elektronischen Schmelzpunktgeräts:

— Die zu prüfende Substanz wird nach Anweisung (Prüfvorschrift) vorbereitet und eine ausreichende Substanzmenge kompakt in jeweils drei Schmelzpunktkapillaren eingefüllt.

— Die Kapillaren werden in das elektronische Schmelzpunktgerät eingebracht.

— Die Temperatur, bei der die Substanz klar geschmolzen ist und keine Feststoffpartikel mehr ersichtlich sind, ist als Schmelztemperatur anzusehen.

3.4.2 Tropfpunkt

Tropfpunktthermometer nach Ubbelohde

■ Vorgehen zur Bestimmung des Tropfpunkts mittels des Tropfpunktthermometers nach Ubbelohde (○ Abb. 3.5):

Gemäß Ph. Eur. 7.4, Kapitel 2.2.17, Tropfpunkt – Methode A.

— Am unteren Ende des speziellen Thermometers befinden sich zwei zusammengeschraubte Metallhülsen. Zum Druckausgleich ist eine seitliche Öffnung vorhanden.

— Die zu prüfende Substanz wird nach Anweisung (Prüfvorschrift) vorbereitet und randvoll in ein nach unten offenes Probengefäß eingebracht. Das Probengefäß wird an der unteren Metallhülse angebracht, sodass das Vorratsgefäß des Thermometers in die Prüfsubstanz eintaucht.

— Die Apparatur wird für eine gewisse Zeit bei ca. 15–20 °C gelagert, sodass die Prüfsubstanz sich wieder erhärtet.

— Diese Apparatur wird nun in ein leeres Reagenzglas gegeben, wobei die Luft der Wärmeisolation dient.

— Nun wird das Reagenzglas in ein Becherglas gegeben, das mit einer Heizbadflüssigkeit gefüllt ist. Die Temperatur der Heizbadflüssigkeit liegt ca. 10 °C unterhalb des zu erwartenden Tropfpunkts.

— Die Temperatur wird nun so eingestellt, dass sich die Flüssigkeit um 1 °C pro Minute aufheizt. Durch einen Rührer ist eine Temperaturkonstanz der Flüssigkeit gewährleistet.

— Die Temperatur, bei der der erste Tropfen aus dem Probengefäß fällt, ist als Tropfpunkt anzusehen.

— Um die Genauigkeit zu erhöhen, werden drei Messungen durchgeführt, wobei die einzelnen Werte maximal 3 °C voneinander abweichen dürfen. Der Mittelwert kann als endgültiger Tropfpunkt notiert werden.

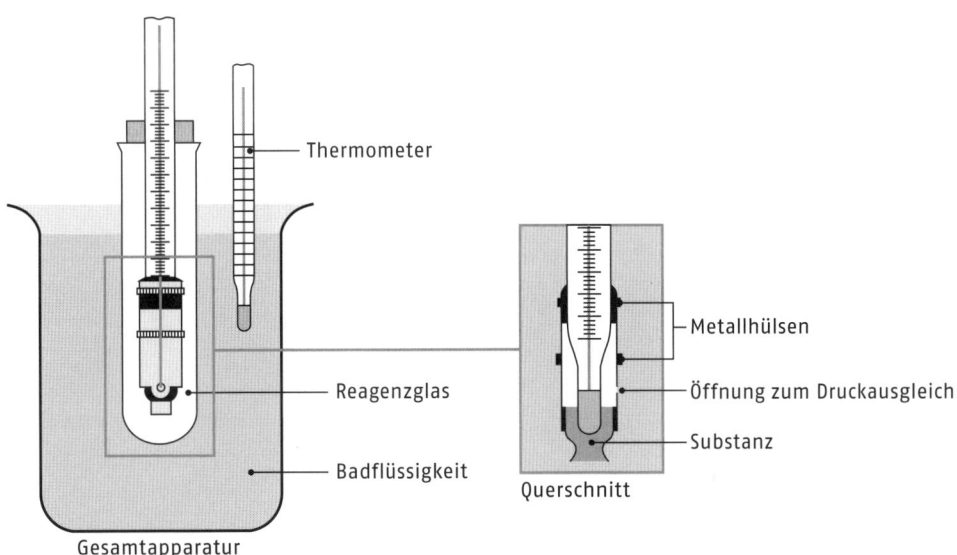

Thermometer

Metallhülsen

Öffnung zum Druckausgleich

Substanz

Reagenzglas

Badflüssigkeit

Querschnitt

Gesamtapparatur

○ **Abb. 3.5** Tropfpunktthermometer nach Ubbelohde. Nach Riech 2009

3.4.3 Erstarrungstemperatur

Gemäß Ph. Eur. 7.4, Kapitel 2.2.18, Erstarrungstemperatur.

Bestimmung der Erstarrungstemperatur nach Ph. Eur.

- Vorgehen zur Bestimmung der Erstarrungstemperatur mittels der Methode aus dem Europäischen Arzneibuch (◉ Abb. 3.6):
  — Ein Reagenzglas wird in einem zweiten, etwas größeren Reagenzglas befestigt.
  — Das innere Reagenzglas ist mit einem durchbohrten Stopfen verschlossen, durch den ein Thermometer eingelassen wird, dessen Ende sich ca. 15 mm über dem Boden des Reagenzglases befindet.
  — Über eine zweite Durchbohrung im Stopfen kann ein Rührstab eingelassen werden, dessen Ende ringförmig geformt ist und im 90°-Winkel zum Stab steht.
  — Die Reagenzglas-Apparatur wird in die Mitte eines 1-Liter-Becherglases gehängt, welches mit einer geeigneten Kühlflüssigkeit bis 20 mm unter den Rand gefüllt ist.
  — Die zu prüfende Substanz wird nach Anweisung (Prüfvorschrift) vorbereitet und in das innere Reagenzglas gefüllt. Die Substanzsäule muss so hoch sein, dass sie das obere Ende des Vorratsgefäßes des Thermometers erreicht.
  — Durch rasche Abkühlung wird zunächst die ungefähre Erstarrungstemperatur ermittelt.
  — Das innere Reagenzglas wird bis zum Verschwinden der Substanzkristalle in ein Bad getaucht, dessen Temperatur ca. 5 °C höher ist als die zu erwartende Erstarrungstemperatur.
  — Das Becherglas wird nun mit Wasser (oder gesättigter NaCl-Lösung) gefüllt, dessen Temperatur ca. 5 °C tiefer als die zu erwartende Erstarrungstemperatur liegt.
  — Das innere Reagenzglas wird nun wieder in das größere eingesetzt, sodass diese Apparatur erneut in das Becherglas getaucht werden kann.
  — Bis zur Erstarrung wird die Substanz mit Hilfe des Rührstabs kräftig gerührt.
  — Die höchste während der Erstarrung erreichte Temperatur ist als Erstarrungstemperatur anzusehen.

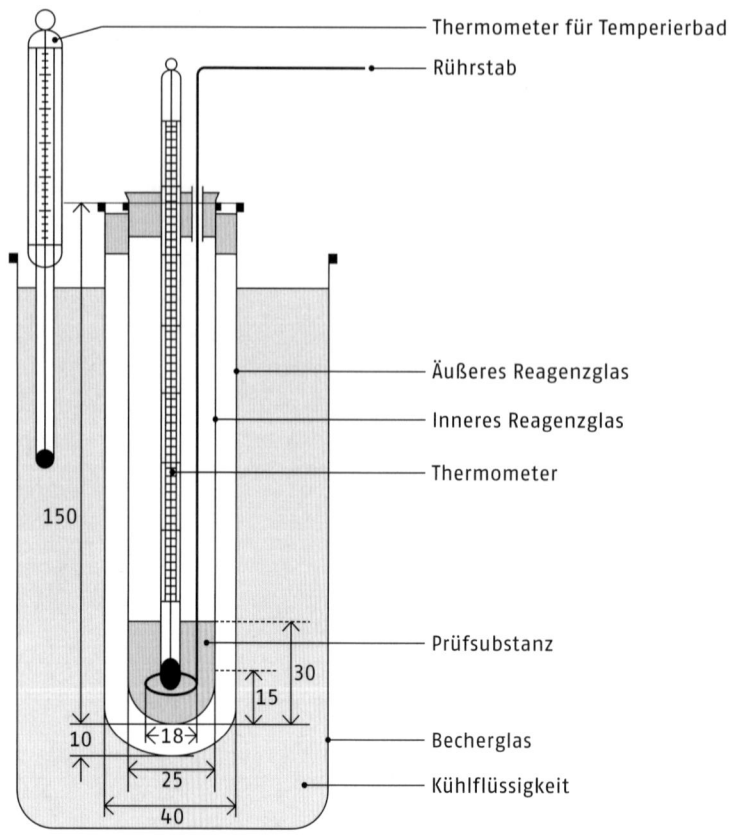

◉ **Abb. 3.6** Apparatur zur Bestimmung der Erstarrungstemperatur, Ph. Eur.

Rotierendes Thermometer

■ Bestimmung der Erstarrungstemperatur mittels des rotierenden Thermometers (○ Abb. 3.7):
 — Die Prüfsubstanz wird auf dem Wasserbad bis ca. 10 °C über der zu erwartenden Erstar-
    rungstemperatur geschmolzen.
 — Ein spezielles Reagenzglas wird ebenfalls auf die gleiche Temperatur aufgeheizt. Darin
    befindet sich ein spezielles Thermometer, das ein olivförmiges Vorratsgefäß besitzt.
 — Mit dem Vorratsgefäß des Thermometers wird der Schmelze ein Tropfen der Prüfsubstanz
    entnommen. Das Thermometer wird wieder in das Reagenzglas eingeführt.
 — Nun wird die Apparatur in waagerechter Haltung und bei möglichst konstanter Geschwin-
    digkeit (ca. eine Umdrehung pro zwei Sekunden) um seine Längsachse rotiert.
 — Die Temperatur, bei der der Tropfen erstarrt ist und sich dadurch mit dem Thermometer
    mitbewegt, ist als Erstarrungstemperatur anzusehen.

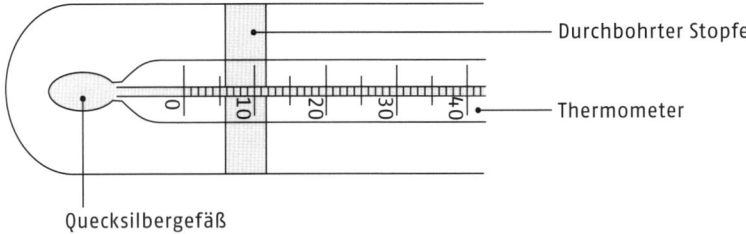

Durchbohrter Stopfen

Thermometer

Quecksilbergefäß

○ **Abb. 3.7** Rotierendes Thermometer. Nach Riech 2009

3.4.4 Siedetemperatur

Siederohr

■ Bestimmung der Siedetemperatur mittels eines Siederohrs (○ Abb. 3.8):
 — Ein Glasrohr wird mit der Prüfsubstanz sowie einigen Siedesteinchen gefüllt. Dieses Rohr
    ist von einem weiteren Glasrohr umgeben, welches der Luftisolierung dient und eine klei-
    ne Öffnung zum Druckausgleich besitzt.
 — Mithilfe eines Fadens wird ein Thermometer in das innere Rohr eingehängt, um später die
    Temperatur ablesen zu können.
 — Die Prüfsubstanz wird mit einem Brenner zum Sieden erhitzt, wobei sich ein Kondensati-
    onsring bildet, der im Glasrohr langsam nach oben steigt.
 — Zeitgleich steigt natürlich auch die Messflüssigkeit innerhalb des Thermometers.
 — Die Temperatur ist abzulesen, wenn der Kondensationsring am Ende der Messflüssigkeits-
    säule vorbeigezogen ist und sich auf relativ konstanter Höhe befindet.
 — Der abgelesene Wert muss nun mathematisch auf den Normaldruck (101,3 kPa) korrigiert
    werden. Dazu benutzt man folgende Formel:

$$t_1 = t_2 + k\,(101{,}3 - b)$$

t_1 = korrigierte Siedetemperatur in °C

t_2 = abgelesene Siedetemperatur in °C beim Luftdruck b

k = Korrekturfaktor (Ph. Eur. 7.4, Kapitel 2.2.11)

b = Luftdruck in kPa während der Bestimmung

Gemäß DAB.

*Die Siedesteinchen verhin-
dern den Siedeverzug. Von
Siedeverzug spricht man,
wenn die Flüssigkeit einige
Grade über ihre Siedetem-
peratur erhitzt wurde, ohne
dass der Siedeprozess
begonnen hat. Durch Er-
schütterung (z. B. leichtes
Klopfen gegen das Gefäß)
kann der Siedevorgang
schlagartig einsetzten.
Daher ist im Labor höchste
Vorsicht geboten.*

Temperaturkorrektur
gemäß Ph. Eur. 7.4, Kapitel
2.2.11, Destillationsbereich

Siedetem-peratur (°C)	Korrektur-faktor k
bis 100	0,30
über 100 bis 140	0,34
über 140 bis 190	0,38
über 190 bis 240	0,41
über 240	0,45

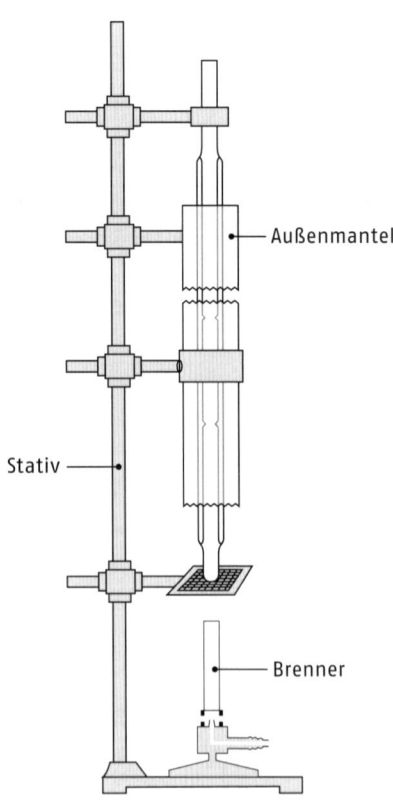

Außenmantel

Stativ

Brenner

○ **Abb. 3.8** Siederohr. Nach Riech 2009

Destillationsapparatur

Gemäß Ph. Eur. 7.4, Kapitel 2.2.11, Destillationsbereich.

■ Mit dieser Methode kann sowohl die Siedetemperatur als auch der Destillationsbereich einer Flüssigkeit bestimmt werden.
Unterschied: das Vorratsgefäß des Thermometers wird bei der Bestimmung der Siedetemperatur nicht auf Höhe des Seitenrohrs, sondern auf Höhe des Halsansatzes des Destillierkolbens angebracht.

■ Bestimmung der Siedetemperatur mittels der Destillationsapparatur (○ Abb. 3.9):
  — Die Prüfsubstanz ist, zusammen mit einigen Siedesteinchen, in den Destillierkolben einzufüllen.
  — Die Substanz wird zum Sieden erhitzt.
  — Die Temperatur ist abzulesen, wenn das Kondensat der Substanz beginnt aus dem Seitenrohr in den Kühler zu fließen.
  — Der abgelesene Wert muss auch hier mathematisch auf den Normaldruck (101,3 kPa) korrigiert werden. Dazu benutzt man die bereits bekannte Formel:

Temperaturkorrektur gemäß Ph. Eur. 7.4, Kapitel 2.2.11, Destillationsbereich

$$t_1 = t_2 + k\,(101,3 - b)$$

t_1 = korrigierte Siedetemperatur in °C

t_2 = abgelesene Siedetemperatur in °C beim Luftdruck b

k = Korrekturfaktor (Ph. Eur. 7.4, Kapitel 2.2.11)

b = Luftdruck in kPa während der Bestimmung

Siedetemperatur (°C)	Korrekturfaktor k
bis 100	0,30
über 100 bis 140	0,34
über 140 bis 190	0,38
über 190 bis 240	0,41
über 240	0,45

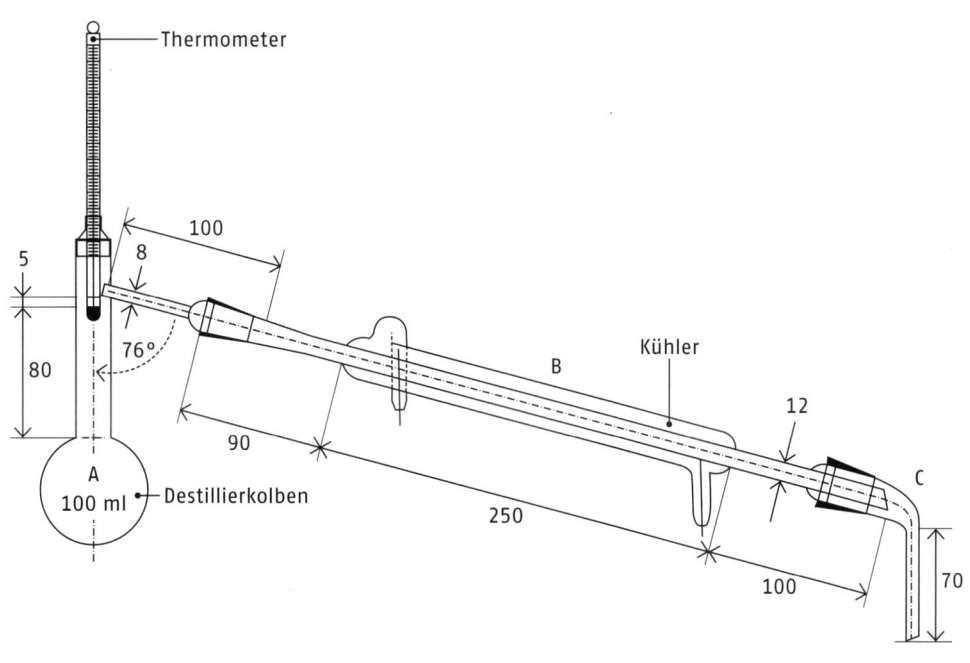

○ **Abb. 3.9** Apparatur zur Bestimmung des Destillationsbereichs, Ph. Eur.

4   Optik

Die Optik ist ein Teilgebiet der Physik, das sich mit der Lehre vom Licht befasst. Dabei werden Gesetzmäßigkeiten untersucht, die der Entstehung, der Ausbreitung und der Umwandlung des Lichts in andere Energieformen zugrunde liegen.

4.1   Begriffsdefinitionen

Elektromagnetische Strahlung:

- Besteht aus Energieeinheiten (Photonen oder Quanten genannt), die sich wellenförmig ausbreiten.

- Elektromagnetische Strahlung kann sich sowohl im Medium als auch im Vakuum ausbreiten.

- Veranschaulichung der elektromagnetischen Strahlung: Wie der Name „elektromagnetische Strahlung" bereits aussagt, sind bei diesem Strahlungstyp **elektrische** und **magnetische Felder** miteinander gekoppelt. Diese Felder bewegen sich senkrecht zur Ausbreitungsrichtung der Welle und stehen zudem senkrecht aufeinander (○ Abb. 4.1). Durch die Ausbreitungsrichtung und Schwingung der Lichtwelle ist im Raum eine ganz bestimmte Ebene definiert, auf welcher sich die Lichtwelle bewegt.

Als Medium bezeichnet man Stoff, den die Welle durchdringt bzw. in dem sie sich ausbreitet.

Im Vakuum breitet sich elektromagnetische Strahlung mit Lichtgeschwindigkeit (ca. 300 000 $\frac{km}{s}$) aus.

Da die elektromagnetische Welle senkrecht zu ihrer Ausbreitungsrichtung schwingt, wird sie auch als Transversalwelle bezeichnet.

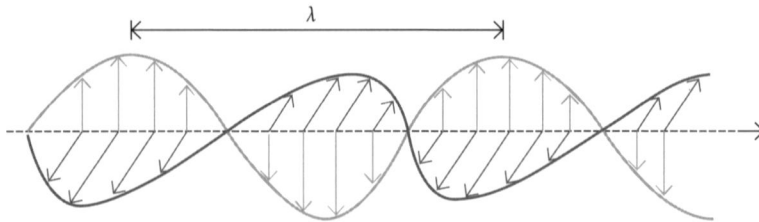

○ Abb. 4.1 Darstellung einer nach rechts ausbreitenden polarisierten Welle mit dem elektrischen (hell) und magnetischen Feld (dunkel) und der Wellenlänge λ

Polarisiertes Licht: Licht, das nur in einer Ebene schwingt. Es wird aus natürlichem Licht durch Polarisation erzeugt.

Unpolarisiertes Licht: Licht bezeichnet man dann als unpolarisiert, wenn sich die vielen unterschiedlich langen Lichtwellen in **verschiedene Raumrichtungen** ausbreiten. Mit einem speziellen Filter (Polarisationsfilter) ist es möglich, nur eine dieser Schwingungsebenen zu filtern und somit das Licht zu polarisieren.

Beispiel für unpolarisiertes Licht: das natürliche Licht der Sonne.

Elektromagnetische Welle: Wie bereits beschrieben, breitet sich die elektromagnetische Strahlung wellenförmig aus. Eine Welle ist durch folgende Merkmale charakterisiert:

- Wellenlänge λ Jede Welle besitzt eine individuelle Wellenlänge λ, die in nm (Nanometer) gemessen wird. Strahlung mit sichtbarer Wellenlänge wird von unserem Auge als Farbe wahrgenommen. Je nachdem wie lang die Welle ist, nehmen wir also z. B. das kurzwellige Blau oder das langwellige Rot wahr.

- Frequenz f Gibt die Anzahl periodisch wiederholender Vorgänge (→ Wellenlänge) in einem bestimmten Zeitabschnitt an. Die Einheit der Frequenz ist Hertz (Hz), wobei $1\,Hz = \frac{1}{s}$ entspricht.

■ Lichtgeschwindigkeit c Die Geschwindigkeit, mit der sich das Licht in einem Medium ausbreitet. Die Einheit der Lichtgeschwindigkeit ist $\frac{km}{s}$.

■ Zusammenhang: $c = \lambda \cdot f$

Elektromagnetisches Spektrum: Umfasst den gesamten Wellenlängenbereich aller bekannten elektromagnetischen Strahlen, die nach folgenden Strahlungsarten gruppiert werden:

■ Gammastrahlung   Die Wellen der Gammastrahlung besitzen die höchsten Frequenzen und Energien des elektromagnetischen Spektrums, sodass diese am kurzwelligsten sind. Sie entstehen u. a. bei hochenergetischen Prozessen in Atomkernen (z. B. Zerfall von Uran). In der Medizin werden sie beispielsweise im Bereich der Strahlentherapie eingesetzt.

■ Röntgenstrahlung   Röntgenstrahlung kennen wir bevorzugt aus der Medizin. Sie wird eingesetzt, um den menschlichen Körper zu durchleuchten, wodurch je nach verwendeter Strahlung Knochen, aber auch innere Organe, erkennbar gemacht werden können.

■ UV-Strahlung   UV-Strahlung (Ultraviolettstrahlung) entsteht, genau wie sichtbares Licht, durch einen Wechsel des Energieniveaus der Valenzelektronen, wobei diese Energie in Form eines Photons frei wird. In unserem Alltag begegnen wir ihr täglich, da sie z. B. von der Sonne ausgesandt wird. Sie wird eingeteilt in UV-A- und UV-B-Strahlung.

UV-A: — **Hautalterung**
— **Sofortpigmentierung** durch Oxidation farbloser Melaninvorstufen (kaum Eigenschutz, hält nicht lange an)
UV-B: — Stimuliert **Melaninproduktion** (Maximum nach 10-20 Tagen)
— **Sonnenbrand**
— **Hautschäden**

Ziel von Sonnencremes ist es daher, die UV-A- und UV-B-Strahlung vor dem Eindringen in die Haut zu absorbieren (aufnehmen) oder zu reflektieren. Jedoch ist die UV-B-Strahlung für die Bildung von Vitamin D unabdingbar, welches für den Knochenstoffwechsel von Bedeutung ist.

■ Sichtbares Licht   Ist der Teil des elektromagnetischen Spektrums, der für das menschliche Auge sichtbar ist. Alle anderen Strahlungsarten können nicht vom menschlichen Auge wahrgenommen werden.

■ Infrarotstrahlung   Infrarotstrahlung (IR-Strahlung) wird umgangssprachlich auch als Wärmestrahlung bezeichnet, da sich Objekte unter ihrer Einwirkung erwärmen bzw. warme Objekte vor allem diese Strahlung aussenden. Bedeutendste IR-Strahlungsquelle ist die Sonne. Auch im Haushalt begegnen uns diverse künstliche IR-Strahlungsquellen, z. B. Ceran-Kochfelder oder Glühlampen.

■ Terahertzstrahlung   Terahertzstrahlung ist, im Gegensatz zur Röntgenstrahlung, gesundheitlich unbedenklich, da sie nicht ionisierend ist und somit die Körperzellen nicht schädigen kann. Zum Einsatz kommt dieser Strahlungstyp z. B. an Flughäfen, indem verdächtige Personen nach Waffen oder Sprengstoff durchleuchtet werden.

■ Mikrowellen   Mikrowellen spielen für uns im Alltag eine große Rolle, denn sie werden in den gleichnamigen Geräten zum Aufwärmen oder Auftauen von Speisen eingesetzt. Die Mikrowellen regen die Wassermoleküle in den Lebensmitteln an und versetzten diese in Schwingung, wodurch die Temperatur steigt (innere Reibung).

Die Lichtgeschwindigkeit ist stoffabhängig: z. B. Vakuum ca. $300\,000\,\frac{km}{s}$, Wasser ca. $225\,000\,\frac{km}{s}$.

Elektromagnetische Strahlung besteht aus Energieeinheiten (Photonen oder Quanten genannt), die wellenförmig von einer Lichtquelle ausgestrahlt werden.

4

Sog. Körper- bzw. Nacktscanner.

<table>
<tr><td>■ Radiowellen</td><td>Werden als Trägerwellen genutzt, die Musik, Sprache oder Bilder übertragen können (Radio, Fernsehen).</td></tr>
</table>

Monochromatisches Licht kommt, im Gegensatz zu polychromatischem Licht, in der Natur nicht vor. Es kann nur mit einem Laser erzeugt werden.

Spektralfarbe: Licht einer ganz bestimmten Wellenlänge (= monochromatisches Licht). Als Spektralfarben bekannt: Rot, Orange, Gelb, Grün, Blau, Violett („Regenbogenfarben").

Beispiel aus dem Alltag: Regenbogen. Hier wird das Sonnenlicht an den Regentropfen dispergiert.

Weißes Licht: Licht aus einer Mischung vieler sichtbarer Wellenlängen (= polychromatisches Licht; z. B. Sonnenlicht).

Dispersion: Aufspaltung von weißem Licht in seine einzelnen Spektralfarben, da das Licht an einem Prisma (▶ Kap. 4.2.2) aufgrund der unterschiedlichen Wellenlängen unterschiedlich stark gebrochen wird.

Beispiel aus dem Alltag: Befindet sich ein Trinkröhrchen in einem mit Wasser gefüllten Glas, so sieht es aus, als hätte das Röhrchen einen „Knick". Diese optische Täuschung beruht auf der Brechung des Lichts.

Refraktion (Lichtbrechung): Änderung der Ausbreitungsrichtung des Lichts an der Grenzfläche zweier lichtdurchlässiger (transparenter) Medien mit unterschiedlichen optischen Eigenschaften.

■ Anwendung: Identitäts-, Reinheits- und Gehaltsprüfung

Auch als Brechungsgesetz bezeichnet.

Refraktionsgesetz: Das **Refraktionsgesetz** (◉ Abb. 4.2) geht auf die Änderung der Ausbreitungsrichtung und auf die Änderung der Ausbreitungsgeschwindigkeit des Lichts beim Wechsel der Medien (z. B. Wasser als optisch dichteres Medium und Luft als optisch dünneres Medium) genauer ein:

→ Lichtstrahl geht vom ...

— ... optisch dünneren ins optisch dichtere Medium über: Lichtstrahl wird zum Einfallslot hin gebrochen.

Einfallslot als gedachte Linie, die senkrecht zur Grenzfläche steht.

— ... optisch dichteren ins optisch dünnere Medium über: Lichtstrahl wird vom Einfallslot weggebrochen.

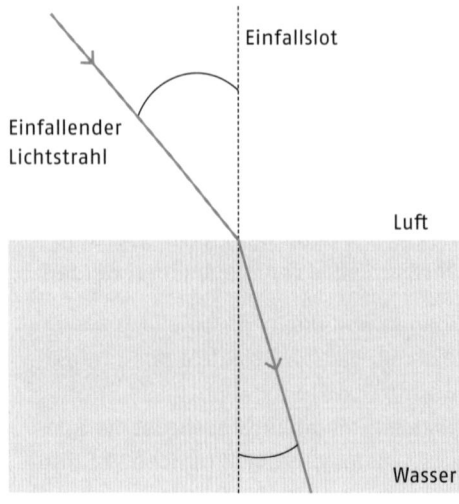

◉ **Abb. 4.2** Refraktion eines Lichtstrahls nach dem Refraktionsgesetz

Der Brechungsindex eines Stoffs kann mit dem Abbe-Refraktometer (▶ Kap. 4.3.2) bestimmt werden.

Brechungsindex (Brechzahl) n:

■ Stoffabhängige und dimensionslose Größe, welche die Lichtgeschwindigkeit im Vakuum mit der Lichtgeschwindigkeit des jeweiligen Stoffs ins Verhältnis setzt.

■ Da der Brechungsindex von der Wellenlänge des einfallenden Lichts abhängt, wird er typischerweise für eine ganz bestimmte Wellenlänge (Natrium-D-Linie, $\lambda = 589{,}3\,\mathrm{nm}$) angegeben.

- Der Brechungsindex wird daher zumeist wie folgt angegeben: n_D^{20}

n	=	Brechungsindex
20	=	Bei der Messung vorherrschende Temperatur
D	=	Wellenlänge des Natriumlichts (D-Linie)

- Anwendung: Identitäts- und Reinheitsprüfung von Arznei-
  stoffen.

4

Reflexion: Zurückwerfen der Lichtwellen (i. d. R. nur ein Teil der Wellen) an der Grenzschicht zweier Medien mit unterschiedlichem Brechungsindex.
Die Reflexion der Lichtstrahlen hängt von der Oberflächenbeschaffenheit des jeweiligen Körpers ab (z. B. gewölbt, glatt, rau).

Das Reflexionsgesetz besagt, dass der Einfallswinkel genauso groß ist wie der Ausfallswinkel (Reflexionswinkel).

- **Gerichtete Reflexion:** Einfallende Strahlen werden an glatten, hochglänzenden Oberflächen (z. B. Spiegel) gespiegelt, wobei das **Reflexionsgesetz** gilt (● Abb. 4.3).

- **Diffuse Reflexion:** Einfallende Strahlen werden an rauen und somit unebenen Oberflächen (z. B. Textilien) nicht gleichmäßig, sondern unregelmäßig (diffus) in verschiedene Richtungen reflektiert.

- **Partielle Reflexion:** Wie bereits angesprochen wird in der Regel nur ein Teil des auftreffenden Lichts reflektiert, man spricht von einer partiellen (teilweisen) Reflexion. Der andere Teil des Lichts geht in das angrenzende Medium über und wird dort gebrochen.

Beispiel: Übergang eines Lichtstrahls von Wasser in die Luft.

- **Totalreflexion:** Entsteht, wenn der einfallende Strahl einen bestimmten Winkel (sog. Grenzwinkel der Totalreflexion) zur Grenzfläche eines optisch dichteren zum optisch dünneren Medium überschreitet. Er wird dann nicht nur teilweise (s. partielle Reflexion), sondern vollständig reflektiert.

Ein Körper ist schwarz, da er das auf ihn auftreffende Licht vollständig absorbiert. Ein Körper ist weiß, da er das auf ihn auftreffende Licht vollständig reflektiert. Ein Körper ist farbig, da die auf ihn auftreffenden Wellenlängen oder Wellenlängenbereiche des Lichts entsprechend absorbiert oder reflektiert werden.

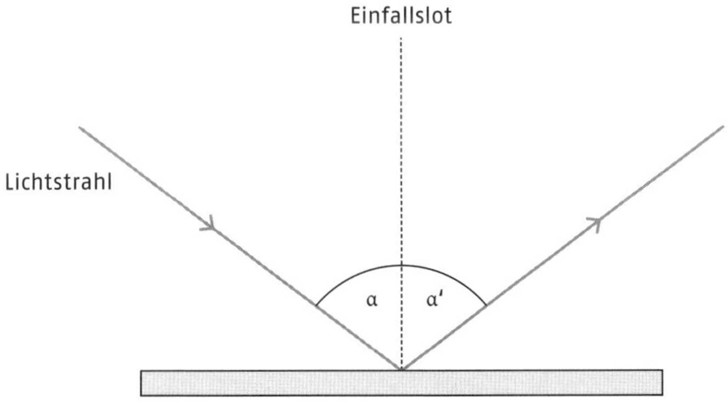

● **Abb. 4.3** Gerichtete Reflexion an einer hochglänzenden Oberfläche. Es gilt das Reflexionsgesetz.

Absorption: Aufnahme („Verschlucken") von Strahlung und Umwandlung in innere Energie (z. B. Wärme).

Emission: Aussendung von Licht durch Lichtquellen.

Transmission: Beschreibt die Durchlässigkeit eines Stoffs für einfallendes Licht.

Lichtquellen:	Körper, die Licht aussenden. Es gibt natürliche (z. B. Sonne) und künstliche (z. B. Laser) Lichtquellen. Die Strahlstärke einer Lichtquelle wird in **Candela** (SI-Einheit) angegeben.
Beleuchtete Körper:	Sind Körper, die selbst keine Strahlung ausstrahlen, sondern lediglich vom Licht eines anderen Körper angestrahlt werden (z. B. der Mond).
Optische Drehung:	■ Die Eigenschaft einiger Stoffe oder deren Lösungen, aufgrund ihres Molekülaufbaus linear polarisiertes Licht um einen bestimmten Winkel zu drehen. Diese Stoffe werden als **optisch aktiv** bezeichnet.
	■ Voraussetzung: Es muss mindestens ein asymmetrisches Kohlenstoffatom im Molekül vorliegen (→ C-Atom mit vier verschiedenen Substituenten).
	■ Es wird unterschieden zwischen rechtsdrehenden (+)- und linksdrehenden (–)-Substanzen bzw. zwischen (D)- und (L)-Substanzen sowie dem Racemat .

Anhand eines Polarimeters (▶ Kap. 4.3.3) kann die optische Drehung einer optisch aktiven Substanz bestimmt werden.

Ein Racemat ist ein Gemisch, das aus chemisch gleichen, rechts- sowie linksdrehenden Molekülen besteht. Der Drehsinn hebt sich dabei insgesamt auf, sodass das Gemisch optisch inaktiv ist (Beispiel: Milchsäure).

4.2 Optische Elemente

Optische Elemente dienen dazu, gezielt den Verlauf von Lichtstrahlen zu beeinflussen. Als Beispiele lassen sich Brille, Lupe, Fernglas, Kamera, Mikroskop oder Teleskop nennen.

4.2.1 Optische Linsen

Allgemeines
■ Optische Linsen sind durchsichtige Körper aus Glas, Kunststoff oder Quarz mit zwei meist kugelförmigen (sphärischen) Oberflächen.
■ Trifft Licht auf eine Linse, so wird dieses zweimal gebrochen (Übergang 1: Luft → Glas, Übergang 2: Glas → Luft), wobei das Refraktionsgesetz (▶ Kap. 4.1) gilt.
■ Unterscheidung:
   — Sammel- oder Konvexlinse (in der Mitte dicker als am Rand)
   — Zerstreuungs- oder Konkavlinse (am Rand dicker als in der Mitte)

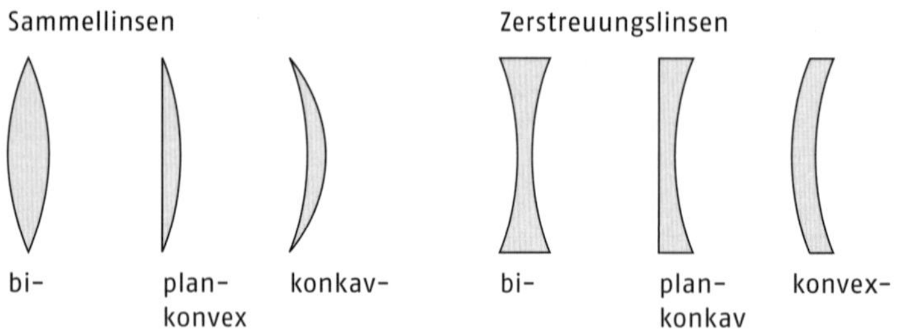

Sammellinsen

bi- plan-konvex konkav-

Zerstreuungslinsen

bi- plan-konkav konvex-

○ **Abb. 4.4** Linsenformen

Strahlengang und Bildentstehung
Um das Bild eines Gegenstands G hinter einer Sammellinse zu konstruieren sind folgende Strahlen notwendig (○ Abb. 4.5):

Parallelstrahl:
(① in ◯ Abb. 4.5)

■ Lichtstrahlen treffen parallel zur optischen Achse auf die Sammellinse auf und sammeln sich hinter der Linse im **Brennpunkt F'**. Den Abstand vom Brennpunkt F' zur Linsenebene bezeichnet man als **Brennweite f'**.

■ Anmerkung: Jede Linse besitzt zwei Brennpunkte (vor und hinter der Linse: F, F'), welche die gleiche Brennweite (f, f') besitzen und somit symmetrisch zur Linsenebene liegen.

Mittelpunktstrahl:
(② in ◯ Abb. 4.5)

Lichtstrahl geht ungebrochen durch den Linsenmittelpunkt und bleibt auch nach dem Durchgang durch die Linse Mittelpunktstrahl.

Brenn(punkt)strahl:
(③ in ◯ Abb. 4.5)

Lichtstrahl geht durch den vor der Linse liegenden Brennpunkt und wird nach dem Durchgang durch die Linse zum Parallelstrahl.

Optische Achse: Symmetrieachse eines brechenden oder reflektierenden optischen Elements.

Linsenebene: Achse, die durch den Linsenmittelpunkt verläuft.

4

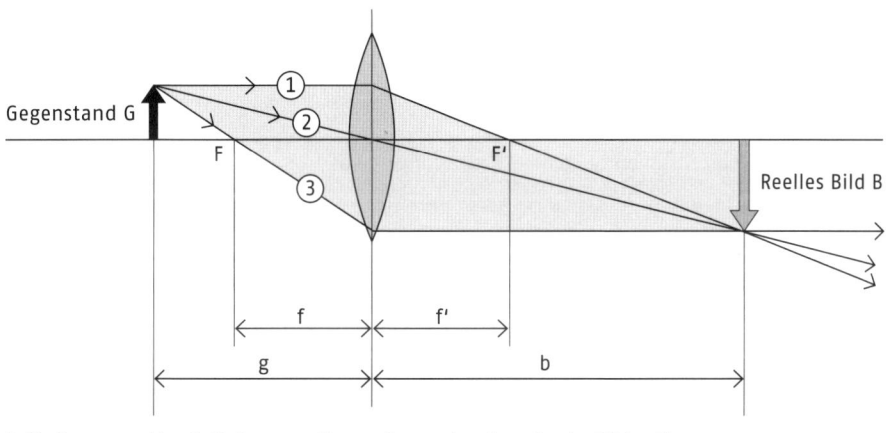

F, F': Brennpunkte; f, f': Brennweite; g: Gegenstandsweite; b: Bildweite

◯ **Abb. 4.5** Bildentstehung an einer Sammellinse

Brechkraft D:

■ Ist der Kehrwert der Brennweite.
■ Die Brechkraft wird mit der Einheit **Dioptrie (1 dpt)** beschrieben: $D = \dfrac{1}{f}$ in $\dfrac{1}{m}$ (= dpt) .

■ Sie gibt an, wie stark bzw. schwach der Strahlenverlauf durch den Einsatz einer Linse korrigiert wurde (z. B. Brille).

Das normalsichtige Auge weist eine Brechkraft von 65 dpt auf. Weitsichtigkeit wird mit positiven Dioptrienwerten angegeben, Kurzsichtigkeit mit negativen.

Sammellinsen

■ Sind in der Mitte dicker als am Rand, weshalb man sie auch als **Konvexlinsen** bezeichnet.
■ Charakteristisch ist, dass einfallendes, paralleles Licht nach dem Durchgang durch die Linse in einem Punkt, dem Brennpunkt F, „gesammelt" wird.

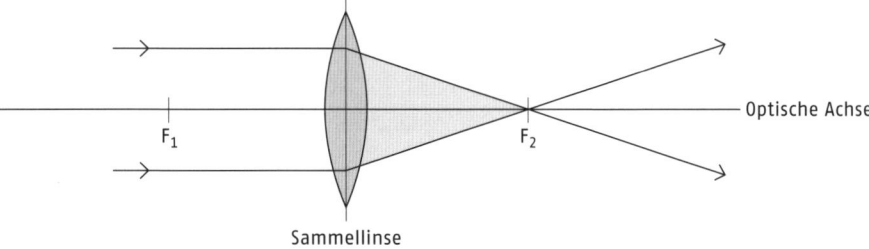

$F_{1,2}$: Brennpunkte

◯ **Abb. 4.6** Verlauf achsenparalleler Strahlen bei einer Sammellinse

Beispiel aus dem Alltag:

Lupe ➔ konvexe Sammellinse mit kleiner Brennweite, die der Vergrößerung von Gegenständen dient.

Zerstreuungslinsen

- Sind am Rand dicker als in der Mitte, weshalb man sie auch als **Konkavlinsen** bezeichnet.
- Charakteristisch ist, dass einfallendes, paralleles Licht nach dem Durchgang durch die Linse auseinander läuft (zerstreut wird).

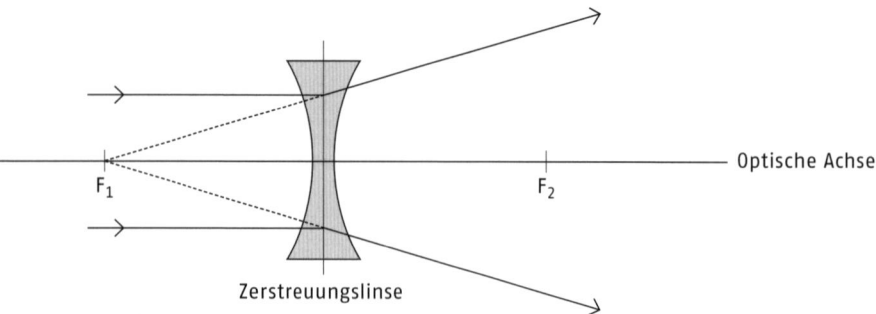

$F_{1,2}$: Brennpunkte

○ **Abb. 4.7** Verlauf achsenparalleler Strahlen bei einer Zerstreuungslinse

Beispiel aus dem Alltag:

Brille bei Kurzsichtigkeit.

4.2.2   Prismen

- Ein Prisma ist ein lichtdurchlässiger (transparenter) Körper aus Glas, Kunststoff oder Quarz. Grundsätzlich besitzen diese Körper ebene Grenzflächen und eine geometrische Form (z. B. rechtwinkliges Prisma).
- Verwendet werden Prismen für diverse optische Funktionen (z. B. Umlenkung eines Lichtstrahls, Dispersion).
- Im Alltag findet man Prismen z. B. in Ferngläsern oder auch in Spiegelreflexkameras.

Zur Erinnerung: Dispersion ist die Zerlegung von weißem Licht in seine farbigen Bestandteile beim Durchgang durch ein Prisma.

4.3   Optische Geräte

4.3.1   Mikroskop

- Dient der starken Vergrößerung von Objekten (z. B. Organismen, Lebewesen), die mit dem bloßen Auge nicht erkennbar sind.
- Es gibt verschiedene Typen von Mikroskopen:
  - **Lichtmikroskop:** Die maximal mögliche Auflösung ist von der Wellenlänge des verwendeten Lichts abhängig und ist bestenfalls auf ca. 0,2 µm beschränkt.
  - **Elektronenmikroskop:** Ermöglicht eine höhere Auflösung als das Lichtmikroskop, da Elektronenstrahlen eine kleinere Wellenlänge besitzen als Licht.

Unter Auflösung versteht man den Abstand, den zwei Objekte mindestens haben müssen, damit man sie noch als eigenständige Objekte erkennen kann.

- Funktionsweise eines Lichtmikroskops (○ Abb. 4.8, ○ Abb. 4.9):
  - Im Prinzip besteht das Mikroskop aus zwei Sammellinsen (Okular und Objektiv), die einen gleichbleibenden Abstand zueinander besitzen.
  - Objektiv: Erzeugt ein vergrößertes, auf dem Kopf stehendes Bild, das sich hinter dem Objektiv befindet (= Zwischenbild).
  - Das Zwischenbild wird mittels des Okulars erneut vergrößert und richtig herum gedreht im Auge abgebildet (= Endbild).
  - Durch Drehen am Grob- bzw. Feintrieb kann die Bildschärfe eingestellt werden.

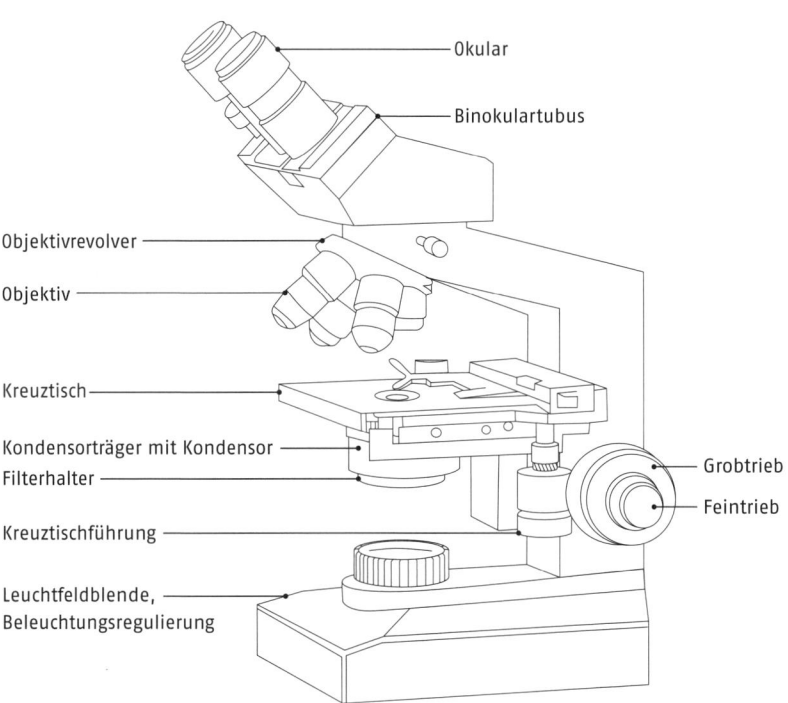

◉ **Abb. 4.8** Darstellung eines Lichtmikroskops. Ziegler 2014

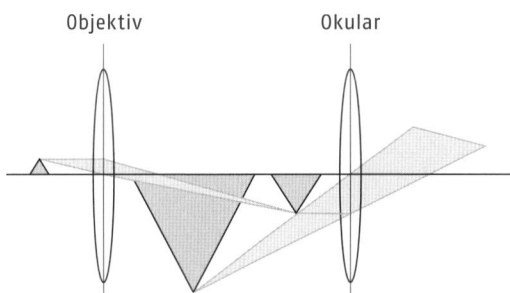

◉ **Abb. 4.9** Strahlengang im Lichtmikroskop. Nach Riech 2009

4.3.2 Abbe-Refraktometer

■ Zur Bestimmung des Brechungsindex *n* (◉ Abb. 4.10).

■ Mit dem Abbe-Refraktometer wird der Brechungsindex einer Substanz anhand des Grenzwinkels der Totalreflexion an einer Grenzschicht eines Glasprismas zu dieser Substanz gemessen:

— Da der Brechungsindex temperaturabhängig ist, muss die zu prüfende Substanz auf möglichst exakt 20 °C temperiert sein. Zu diesem Zweck besitzt das Gerät ein Thermometer. Mittels eines Thermostaten kann diese Temperatur eingestellt und konstant gehalten werden.

— Ein Tropfen der zu prüfenden Substanz wird auf ein Doppelprisma, bestehend aus einem Beleuchtungs- und einem Messprisma, gegeben.

— Das einfallende Lichtbündel trifft über das Beleuchtungsprisma auf die zu prüfende Substanz auf, geht also vom optisch dichteren ins optisch dünnere Medium über, wobei ein Teil der Lichtstrahlen totalreflektiert wird.

Typischerweise gilt: Je höher die Temperatur, desto geringer ist der Brechungsindex.

Sind bei dem Blick durch das Okular Schatten ersichtlich, so wurde vermutlich zu wenig Substanz aufgetragen.

— Der andere Teil der Lichtstrahlen tritt in die Flüssigkeit ein und wird zunächst hier und anschließend im Messprisma gebrochen und über einen Spiegel und andere optische Systeme weitergeleitet.
— Anhand des Beobachtungsfernrohrs wird ersichtlich, dass das Gesichtsfeld in einen hellen und einen dunklen Teil zerfällt. Das Doppelprisma muss nun so eingestellt werden, dass die Hell-Dunkel-Grenze genau durch das Fadenkreuz im Okular verläuft.
— Nun kann der Brechungsindex auf der vorhandenen Skala auf drei Stellen nach dem Komma genau abgelesen werden. Das Gerät ist nach der Benutzung ordentlich zu reinigen (z. B. mit Ethanol).

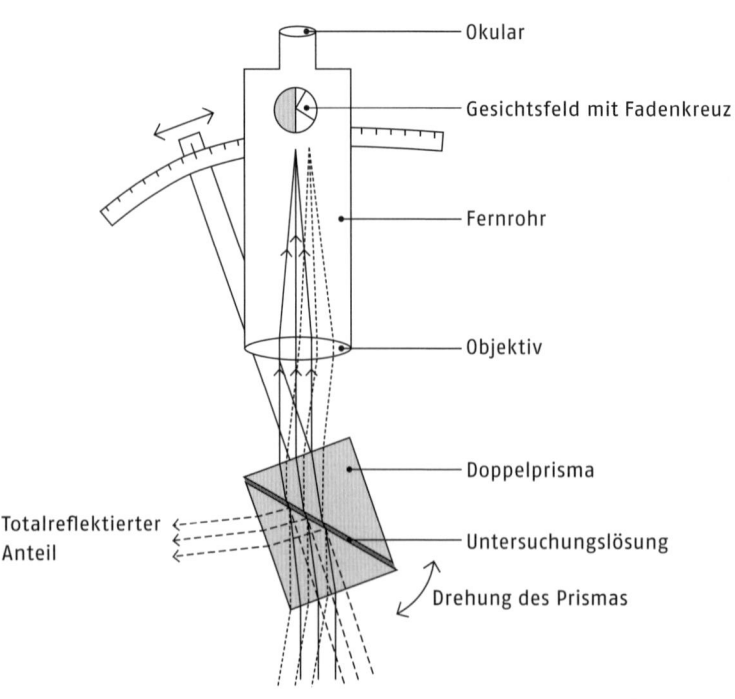

○ **Abb. 4.10** Strahlengang im Abbe-Refraktometer

4.3.3   Polarimeter

Da Verunreinigungen den Drehwinkel der jeweiligen Substanz verändern, dient diese Methode u. a. der Reinheitsprüfung von Substanzen.

Als Küvette bezeichnet man ein Probengefäß bei photometrischen Messungen.

■ Zur Bestimmung der optischen Drehung (○ Abb. 4.11) .
■ Prinzip: Durchläuft linear polarisiertes Licht eine optisch aktive Substanz, so kommt es zu einer Drehung der Schwingungsebene des Lichts um einen bestimmten Winkel (Drehwinkel α). Dieser Winkel kann mittels eines Polarimeters bestimmt werden.
■ Aufbau: Das Polarimeter besteht im Wesentlichen aus zwei hintereinander geschalteten Prismen (sog. Nicol'sche Prismen): dem **Polarisator** und dem drehbaren **Analysator**. Diese sind durch eine Küvette (hier: Polarimeterröhre) getrennt, in der sich die zu prüfende Flüssigkeit befindet.
■ Hintergrund zur Funktionsweise:
— Unpolarisiertes Licht trifft auf den Polarisator auf, der nur bestimmte Lichtwellen passieren lässt. Das zuvor unpolarisierte Licht wird auf diese Weise polarisiert.
— Befindet sich die Küvette noch nicht im Gerät oder ist diese leer (z. B. bei Nullpunktbestimmung von Flüssigkeiten), so trifft das polarisierte Licht anschließend auf den Analysator auf, welcher ebenfalls wie eine Art Filter zu betrachten ist. Das polarisierte Licht tritt nur dann durch den Analysator hindurch, wenn dieser in einer bestimmten Position steht. Dazu wird er entsprechend gedreht, sodass das polarisierte Licht voll hindurch treten kann.
— Befindet sich nun zwischen dem Polarisator und dem Analysator eine optisch aktive Substanz, so wird das polarisierte Licht, das aus dem Polarisator austritt und auf die Substanz trifft, um einen bestimmten Winkel gedreht. Der Analysator muss folglich in die Position gedreht werden, die notwendig ist, damit das Licht durch ihn hindurch treten kann. Dieser Winkel kann an einer Skala abgelesen werden und stellt den Drehwinkel α der optisch aktiven Substanz dar.

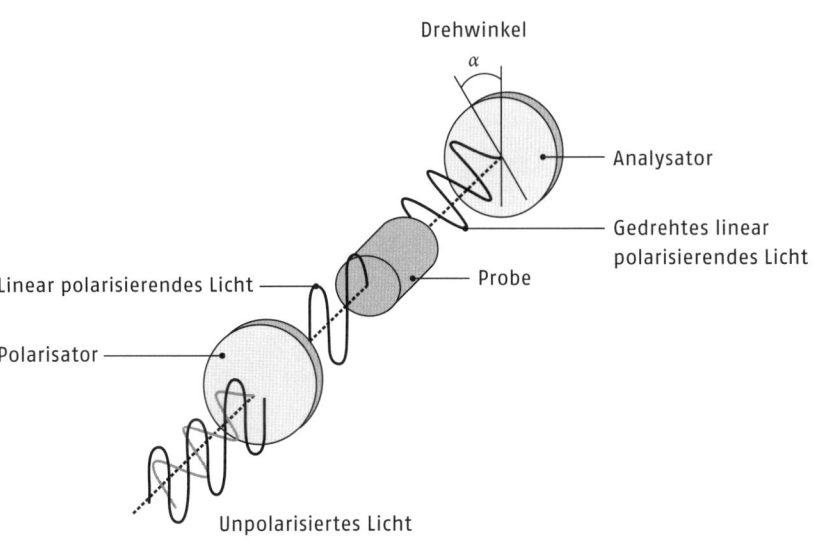

○ Abb. 4.11 Funktionsprinzip des Polarimeters

■ Vorgehen zur Bestimmung der optischen Drehung mittels eines Polarimeters:

— Etwa 5–10 min nach dem Einschalten des Polarimeters (größte Lichtintensität) kann mit der Messung begonnen werden:

— Bestimmung des Nullpunkts des Polarimeters und des Drehwinkels des polarisierten Lichts bei 20 °C (± 0,5 °C).

Flüssigkeiten: Nullpunkt des Geräts wird mit dem geschlossenen, leeren Rohr bestimmt. Feststoffe: Nullpunkt des Geräts wird mit dem mit Lösungsmittel gefüllten Rohr bestimmt.

→ Die Polarimeterröhre wird in den Probenraum gelegt und die beiden Skalen werden in Nullstellung gebracht. Die Sehschärfe kann mittels des Okulars angepasst werden.

— Polarimeterröhre mit der zu messenden Flüssigkeit in den Probenraum legen (möglichst Luftblasen vermeiden), sodass, je nach Gerätetyp, ein (Halbschattengerät) oder zwei (Dreischattengerät) dunkle Balken erscheinen.

— Nun wird am Wählhandrad gedreht, damit das Licht wieder voll durch Polarisator und Analysator hindurchscheinen kann.

— Ist dazu eine Drehung im Uhrzeigersinn (rechts) notwendig, so handelt es sich bei der zu prüfenden Substanz um eine rechtsdrehende (+) Lösung. Muss der Analysator jedoch gegen den Uhrzeigersinn (links) gedreht werden, so handelt es sich um eine linksdrehende (−) Substanz.

— Der Drehwinkel kann auf der Skala mit dem Nonius (Innenskala) abgelesen werden. Zwei kleine Linsen erleichtern das Ablesen an den Skalen.

Der Nullpunkt wird bei typischerweise 20 °C (± 0,5 °C) und der Wellenlänge der D-Linie des Natriumlichts (λ = 589,3 nm) bestimmt.

Bei einem Nonius handelt es sich um eine bewegliche Skala zur genaueren Messwertbestimmung.

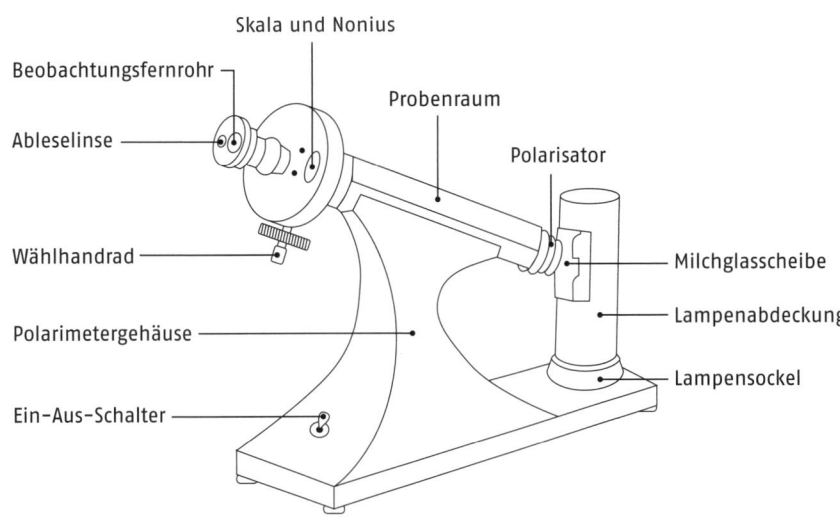

○ Abb. 4.12 Polarimeter. Nach Riech 2009

Die optische Drehung ist abhängig von Wellenlänge, Temperatur, Schichtdicke und Konzentration.

- Im Arzneibuch wird zwischen optischer Drehung und spezifischer Drehung unterschieden:
  — Optische Drehung α: Bestimmung bei einer Schichtdicke von 1 dm und abgelesenem Drehwinkel α.
  — Spezifische Drehung $[\alpha]_D^{20}$:

  Einer reinen, unverdünnten Flüssigkeit: $[\alpha]_D^{20} = \dfrac{\alpha}{l \cdot \rho_{20}}$

  Einer gelösten Substanz: $[\alpha]_D^{20} = \dfrac{1000 \cdot \alpha}{l \cdot c}$

  α Drehwinkel in Grad (°) bei 20 °C ($\pm$ 0,5 °C)

  l Länge des Polarimeterrohrs in cm

  ρ_{20} Dichte bei 20 °C in $\dfrac{g}{cm^3}$

  c Konzentration der Lösung in $\dfrac{g}{100\ ml}$

  D D-Linie des Natriumlichts, Wellenlänge 589,3 nm

4.3.4   Photometer

Die Abnahme der Lichtintensität ist proportional zur Konzentration der zu prüfenden Substanz.

Der Nullabgleich wird vor der Messung durchgeführt und erhöht die Messgenauigkeit. Der Nullabgleich erfolgt zumeist automatisch durch Betätigung der entsprechenden Taste.

Die Absorption (Extinktion) ist ein Wert für die Abschwächung der Lichtintensität.

Der Absorptionskoeffizient ist eine spezifische Größe und von der Wellenlänge abhängig.

Bei dem Einstrahlphotometer müssen Referenz und Probe nacheinander vermessen werden. Beim Zweistrahlphotometer hingegen können Referenz und Probe parallel gemessen werden.

Der ausgewählte Photoempfänger muss an die entsprechende Wellenlänge angepasst sein.

- Zur Konzentrationsbestimmung von Lösungen anhand der Intensitätsschwächung des Lichts (Absorption) im Wellenlängenbereich des ultravioletten und sichtbaren Lichts.
- Hintergrund: Durchdringt ein Lichtstrahl eine mit Messlösung gefüllte Küvette, so wird dieser abgeschwächt. Das bedeutet also, dass der austretende Lichtstrahl schwächer ist als der eintretende Lichtstrahl.
- Drei Gründe für die Schwächung der Lichtintensität:
  — Lichtreflexion (kann mittels Nullabgleich eliminiert werden)
  — Streuung des Lichts in der Flüssigkeit (Verwendung homogener Lösungen → keine Streuung)
  — Lichtabsorption → gesuchter Messwert
- Das **Lambert-Beer'sche Gesetz** beschreibt den Zusammenhang zwischen **Lichtabsorption**, **Schichtdicke** und **Konzentration** eines absorbierenden Stoffs in Flüssigkeiten.

  Dabei gilt: $A = \varepsilon \cdot c \cdot d$

  A Absorptionsgrad (früher: Extinktion E)

  ε Absorptionskoeffizient in $\dfrac{l}{mol \cdot cm}$

  c Konzentration in $\dfrac{mol}{l}$

  d Schichtdicke der Küvette in cm

- Bei den Photometern wird zwischen zwei Gerätearten unterschieden:
  — Einstrahlphotometer
  — Zweistrahlphotometer
- Messwertbestimmung mittels Photometer:
  — Gerät einschalten und Anwärmzeit beachten.
  — Kontrolle bzw. Einstellung des Nullpunkts und Einstellung der entsprechenden Wellenlänge.
  — Streulichtfilter in den Strahlengang bringen und den Photoempfänger einschwenken.
  — Lichtstrahl auf eine Küvette mit Vergleichslösung auftreffen lassen und Absorption auf Null oder Transparenz auf 100 % abgleichen.
  — Küvette mit Probenlösung einsetzten und Messwert ablesen.

4.3.5   Spektroskop

Die Spektroskopie umfasst eine Gruppe von experimentellen Verfahren, wobei mögliche Wechselwirkungen zwischen elektromagnetischer Strahlung und der zu untersuchenden Materie analysiert werden. Hierbei kann das Absorptions- und Emissionsvermögen eines Stoffs bei unterschiedlicher Wellenlänge ermittelt werden.

Anhand eines **Spektroskops** werden optische Spektren visuell dargestellt und mit einem **Spektrometer** aufgezeichnet.

Mithilfe der Spektroskopie können Stoffe identifiziert oder deren Struktur bzw. Gehalt ermittelt werden. Daher wird dieses Verfahren u. a. zur Identitäts- und Gehaltsbestimmung eingesetzt.

4

UV/VIS-Spektroskopie

- Spektroskopie, die elektromagnetische Wellen des ultravioletten (UV) und des sichtbaren Lichts (VIS) nutzt.
- Aufgrund der Bestrahlung von Molekülen mit ultraviolettem oder sichtbarem Licht absorbieren diese Energie. Die aufgenommene Energie regt die Valenzelektronen an, sodass sie ein höheres Energieniveau erreichen.
- Gehen die Elektronen wieder vom energiereicheren auf das energieärmere Niveau über, so werden die entsprechenden Energiebeträge in Form von Licht einer bestimmten Wellenlänge freigesetzt (emittiert).
- Ziel der UV/VIS-Spektroskopie:
  — Identifizierung von chemischen Elementen anhand der charakteristischen Elektronenübergänge.
  — Molekül- und Komplexverbindungen anhand der möglichen Übergänge zwischen den Energieniveaus ermitteln.

„VIS" steht für visible (englisch).

IR-Spektroskopie

- Spektroskopie, die elektromagnetische Wellen der Infrarotstrahlung (IR-Strahlung) nutzt.
- Die IR-Spektroskopie gehört zu den Methoden der Molekülspektroskopie, die auf der Anregung von Energiezuständen in Molekülen beruhen.
- Die Infrarotstrahlung regt Molekülbindungen zur Schwingung an, wobei nur der Teil der IR-Strahlung absorbiert wird, der für die Anregung der Schwingung nötig ist.
- Diese absorbierte Energie kann in einem Diagramm (Spektrum) in Form einer bei bestimmten Wellenzahlen verringerten Durchlässigkeit der Probe (Transmission) visualisiert werden.
- Normalerweise werden Spektren erhalten wie in ○ Abb. 4.13 dargestellt.
- Ziel der IR-Spektroskopie:
  — Erkennung von Molekülstrukturen (z. B. funktionelle Gruppen).
  — Aufschluss über organische Verbindungen (z. B. Strukturformel).

= Infrarotspektroskopie

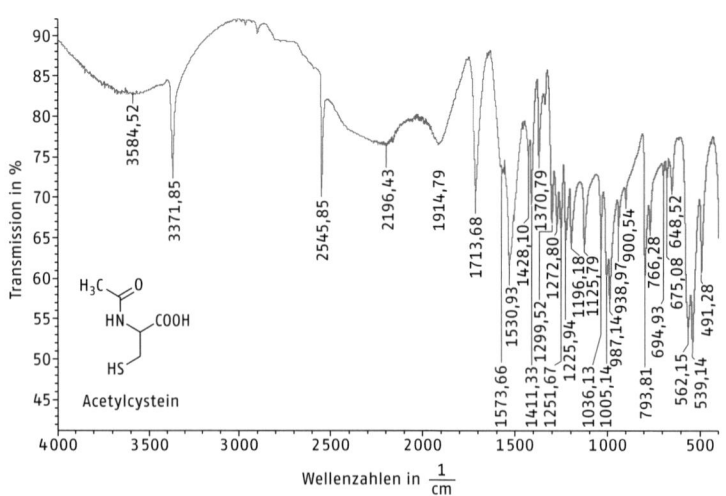

○ **Abb. 4.13** Darstellung eines Infrarotspektrums

5 Chromatographie

Die Chromatographie ist eine physikalisch-chemische Analysemethode zur Aufspaltung eines Stoffgemischs in seine Einzelbestandteile. Es wird somit eingesetzt, um die Einzelbestandteile eines Stoffgemischs zu bestimmen.

- Prinzip: Aufgrund der unterschiedlichen Strukturen der Einzelstoffe (z. B. OH-Gruppen) und somit unterschiedlicher Eigenschaften (z. B. polar, unpolar) weisen die Einzelstoffe jeweils ein unterschiedliches Trennverhalten auf.
- Das macht sich die Chromatographie zunutze, indem das Stoffgemisch mit zwei Phasen in Kontakt gebracht wird.
  — **Stationäre Phase** (feststehend; ist ein Feststoff oder eine Flüssigkeit)
  — **Mobile Phase** (beweglich; ist eine Flüssigkeit oder ein Gas)
- Hierbei kommt es zu Interaktionen (Stoffgemisch/Phase 1, Phase 2), die das Stoffgemisch aufgrund unterschiedlich starker Wechselwirkungen der Einzelstoffe aufspalten.
- Die wichtigsten Wechselwirkungen zwischen dem Substanzgemisch und den beiden Phasen sind:

  — **Adsorption:** In diesem Fall (Adsorptionschromatographie) ist die stationäre Phase ein Feststoff (= Adsorptionsmittel, Adsorbens) und die mobile Phase eine Flüssigkeit (= Fließmittel) oder ein Gas.

  — **Verteilung:** In diesem Fall (Verteilungschromatographie) ist die stationäre Phase als Flüssigkeit auf eine inaktive Trägersubstanz aufgebracht. Die mobile Phase ist ebenfalls eine Flüssigkeit oder ein Gas.

▢ **Tab. 5.1** Überblick über einige Trennverfahren der Chromatographie

Chromatographisches Trennverfahren	Stationäre Phase	Mobile Phase	Wechselwirkung
Dünnschichtchromatographie (DC)	Fest	Flüssig	Adsorption
	Flüssig	Flüssig	Verteilung
Säulenchromatographie (SC)	Fest	Flüssig	Adsorption
	Flüssig	Flüssig	Verteilung
Hochleistungsflüssigkeitschromatographie (HPLC)	Fest	Flüssig	Adsorption
Gaschromatographie (GC)	Fest	Gasförmig	Adsorption
	Flüssig	Gasförmig	Verteilung
Papierchromatographie (PC)	Fest	Flüssig	Verteilung

- Verwendung: Identitäts- und Reinheitsprüfung

Unterschiedliches Trennverhalten bedeutet, dass sich manche Einzelstoffe früher, andere erst etwas später aus dem Stoffgemisch lösen.

Trennung wird z. B. auch durch die Oberflächenbeschaffenheit der stationären Phase (Porengröße) beeinflusst (z. B. bleibt der Stoff in großen Poren leichter hängen).

Die stationäre Phase kann z. B. aus Kieselgel, Kieselgur, Cellulose oder Papier bestehen.

Die mobile Phase kann z. B. aus Lösungsmitteln (Petrolether) oder Stickstoff bestehen.

Zur Erinnerung: Die Wechselwirkungen sind unterschiedlich stark, weil jeder Einzelstoff andere Eigenschaften besitzt und aufgrund dessen mehr oder weniger stark mit der mobilen bzw. der stationären Phase interagiert.

Weitere Wechselwirkungen: Kapillarkräfte, Ionenaustausch, Porenverteilungen. Hinweis: Die Wechselwirkungen können allein, gemeinsam oder in unterschiedlichen Anteilen am Trennvorgang beteiligt sein.

Adsorption ist die Anlagerung eines Stoffs (fest, flüssig, gasförmig) an die Oberfläche eines festen Stoffs.

Von Verteilung spricht man, wenn sich ein Stoff in zwei verschiedenen Flüssigkeiten (hier: stationäre Phase und Fließmittel), die nur begrenzt miteinander mischbar sind, unterschiedlich verteilt.

5.1 Flüssigchromatographie

5.1.1 Planare Chromatographie

= Flachbett-Chromatographie

Dünnschichtchromatographie (DC)

■ Vorgehen bei der Dünnschichtchromatographie (◎ Abb. 5.1):

Die Materialien sind bspw. mit Aluminiumoxid oder Kieselgel beschichtet.

— Auf eine dünne, beschichtete Trägerplatte (aus z. B. Glas, Metall, Folien) wird mit einem weichen Bleistift die Startlinie aufgetragen.

— Die gelösten Prüfsubstanzen werden mithilfe einer Kapillare punkt- oder bandförmig auf die Startlinie aufgebracht.

Achtung: Die Startlinie muss ausreichenden Abstand zum unteren Rand haben, sodass sie das Fließmittel nicht berührt, sobald sie in der Chromatographiekammer ist.

— Die Trägerplatte wird in eine Chromatographiekammer gestellt, welche vom Dampf des auf dem Boden befindlichen Fließmittels gesättigt sein sollte.

— Das Fließmittel steigt nun aufgrund der Kapillarität an der Platte herauf. Es löst die einzelnen Stoffe aus den Substanzen heraus und nimmt sie mit sich mit.

— Je nachdem wie stark die Wechselwirkungen zwischen dem Fließmittel und den einzelnen Stoffen sind, wandern die Stoffe entsprechend weit an der Platte hinauf.

Damit die Kammer auch während des Trennvorgangs gesättigt bleibt, ist es wichtig diese nicht zu öffnen.

— Die Trägerplatte wird aus der Chromatographiekammer genommen, noch bevor das Fließmittel den oberen Rand der Platte erreicht.

— Unmittelbar danach wird die Höhe des Fließmittels mit einem weichen Bleistift nachgezeichnet und die Platte anschließend getrocknet.

— Die Einzelsubstanzen werden mit einem weichen Bleistift auf der Platte umrandet. Gefärbte Substanzen sind direkt ersichtlich. Farblose Substanzen werden durch UV-Licht (fluoreszierende Substanzen) oder das Besprühen mit Nachweisreagenzien sichtbar gemacht.

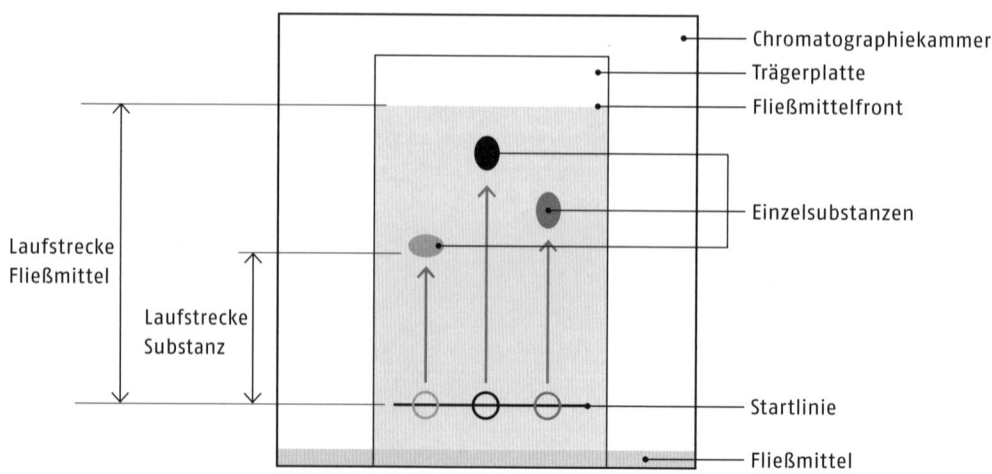

◎ **Abb. 5.1** Dünnschichtchromatographie

■ Auswertung des Chromatogramms

R_f-Wert: Auch als *Retentions- oder Rückhaltefaktor* bezeichnet.

— Die Auswertung des Chromatogramms erfolgt mit Hilfe des R_f-Werts:

$$R_f = \frac{\text{Laufstrecke}_{\text{Substanz}}}{\text{Laufstrecke}_{\text{Fließmittel}}}$$

Als *Fließmittelfront* wird der obere Rand des Fließmittelverlaufs auf der Platte bezeichnet.

— Bleibt die Substanz auf der Startlinie, hat sie einen R_f-Wert von 0 (Laufstrecke Substanz = 0). Wandert die Substanz mit der Fließmittelfront mit, hat sie einen Wert von 1
➔ die R_f-Werte liegen stets zwischen 0 und 1.

Vorteile:	+	preiswert
	+	geringe Stoffmengen erforderlich
	+	geringer apparativer Aufwand
Nachteil:	–	Reproduzierbarkeit der R_f-Werte schwierig

Hochleistungsdünnschichtchromatographie (HPTLC)

■ Stellt eine Weiterentwicklung der Dünnschichtchromatographie dar, da wirkungsvollere Adsorptionsmittel (kleinere Teilchengröße) verwendet werden.

HPTLC: high-performance thin-layer chromatography

Vorteile: + preiswerter als DC

+ geringere Stoffmengen als bei DC erforderlich

+ geringer apparativer Aufwand

Papierchromatographie (PC)

Ist dem Verfahren der DC sehr ähnlich. Unterschied: als stationäre Phase wird hier zumeist Filterpapier oder ein spezielles PC-Papier verwendet.

5

5.1.2 Säulenchromatographie (SC)

Die stationäre Phase befindet sich bei diesem Verfahren in einer Röhre, durch welche die mobile Phase geleitet wird. Dabei wird das Substanzgemisch in seine Einzelstoffe aufgetrennt.

Hochleistungsflüssigkeitschromatographie (HPLC)

■ Die HPLC ist eine spezielle Säulenchromatographie, bei der wirkungsvollere Adsorptionsmittel (kleinere Teilchengröße) eingesetzt werden.

■ Aufgrund größerer Wechselwirkungen ist es bei diesem Verfahren notwendig, die mobile Phase durch die Säule zu pumpen.

■ Eine HPLC-Anlage nimmt den Trennvorgang des Stoffgemischs vor. Die Chromatogramme werden entweder über einen Schreiber direkt ausgegeben oder mithilfe eines angeschlossenen PCs analysiert und ausgewertet.

HPLC: high performance liquid chromatography

Vorteile: + kurze Analysedauer

+ fortgeschrittene Automatisierung

+ hohe Trennschärfe

5.2   Gaschromatographie (GC)

■ Bei diesem Verfahren ist zu beachten, dass nur ausreichend flüchtige Substanzen nachgewiesen werden können. Das heißt, die Probe muss sich vollständig und unzersetzt in den gasförmigen Zustand überführen lassen.

■ Vorgehen bei der Gaschromatographie:
   — Die mobile Phase wird mit gleichbleibender Geschwindigkeit durch eine Säule (Trennsäule) befördert.
   — Die Trennsäule ist entweder eine hohle Kapillarsäule, an deren Innenwände die stationäre Phase haftet oder sie ist eine spiralförmig gewundene Säule, die mit der stationären Phase gefüllt ist (= gepackte Säule).
   — Die Probe wird in den Gasstrom eingebracht und vom Trägergas durch die Säule transportiert. Dabei finden Reaktionen bzw. Wechselwirkungen statt, die das Substanzgemisch in seine Einzelstoffe aufspalten.
   — Ein Detektor misst am Ende der Säule den Austrittszeitpunkt der Einzelstoffe. Über einen angeschlossenen Schreiber oder PC werden die Zeitpunkte und Mengen der Einzelstoffe grafisch dargestellt.

Als Probe kommt also ein verdampfbarer Feststoff, eine verdampfbare Flüssigkeit oder ein Gas in Betracht.

6   Anhang

6.1   Griechisches Alphabet

Großbuchstabe	Kleinbuchstabe	Name (dt. Umschrift)
A	α	alpha
B	β	beta
Γ	γ	gamma
Δ	δ	delta
E	ε	epsilon
Z	ζ	zeta
H	η	eta
Θ	θ	theta
I	ι	iota
K	κ	kappa
Λ	λ	lamda
M	μ	my
N	ν	ny
Ξ	ξ	xi
O	ο	omicron
Π	π	pi
P	ρ	rho
Σ	σ	sigma
T	τ	tau
Y	υ	ypsilon
Φ	φ	phi
X	χ	chi
Ψ	ψ	psi
Ω	ω	omega

6.2   Formelsammlung

Anwendung	Formel	Einheit	Bestandteile der Formel
Dichte	$\rho = \dfrac{m}{V}$ Umrechnung der absoluten in die relative Dichte: $d = \rho_{Substanz} \cdot 1{,}0018$ Umrechnung der relativen in die absolute Dichte: $\rho_{Substanz} = \dfrac{d}{1{,}0018}$	$\dfrac{kg}{m^3}$	m: Masse V: Volumen
Druck	$p = \dfrac{F}{A}$	$\dfrac{N}{m^2}$, Pa	F: Kraft A: Fläche

Anwendung	Formel	Einheit	Bestandteile der Formel
Schweredruck in Flüssigkeiten	$p = \rho \cdot g \cdot h$	Pa	ρ: Dichte der Flüssigkeit g: Schwerkraft h: Höhe der Flüssigkeitssäule bzw. Eintauchtiefe des Körpers
Viskosität	Kinematische Viskosität: $v = \dfrac{\eta}{\rho}$ Dynamische Viskosität: $\eta = \dfrac{\tau}{\gamma}$	$\dfrac{m^2}{s}$ $\dfrac{kg}{m \cdot s} = Pa \cdot s$	v: kinematische V. η: dynamische V. ρ: Dichte τ: Schubspannung γ: Scherrate
Masse	$m = \rho \cdot V$	kg	ρ: Dichte V: Volumen
Wärmekapazität	$C = \dfrac{Q}{\Delta T}$ Spezifische Wärmekapazität: $c = \dfrac{Q}{m \cdot \Delta T}$	$\dfrac{J}{K}$ $\dfrac{J}{kg \cdot K}$	C: Wärmekapazität Q: Energie ΔT: Temperaturdifferenz c: spezifische Wärmekapazität m: Masse
Korrekturrechnung Siedetemperatur	$t_1 = t_2 + k\,(101{,}3 - b)$	°C	t_1: korrigierte Siedetemperatur t_2: abgelesene Siedetemperatur in °C bei Luftdruck b k: Korrekturfaktor gemäß Kapitel 2.2.11, Destillationsbereich, Ph. Eur. b: Luftdruck in kPa während der Bestimmung
Spezifische Drehung	Reine, unverdünnte Flüssigkeiten: $[\alpha]_D^{20} = \dfrac{\alpha}{l \cdot \rho_{20}}$ Gelöste Substanzen: $[\alpha]_D^{20} = \dfrac{1000 \cdot \alpha}{l \cdot c_1}$		α: Drehwinkel in °C bei 20 °C $\pm$ 0,5 °C l: Länge des Polarimeterrohr in cm ρ_{20}: Dichte bei 20 °C in $\dfrac{g}{cm^3}$ c_1: Konzentration der Lösung in $\dfrac{g}{100\ ml}$
Lambert-Beer'sches Gesetz	$A = \varepsilon \cdot c \cdot d$		A: Absorptionsgrad ε: Absorptionskoeffizient in $\dfrac{l}{mol \cdot cm}$ c: Konzentration in $\dfrac{mol}{l}$ d: Schichtdicke der Küvette in cm

Quellenverzeichnis

Unterrichtsunterlagen zum Fach „Physikalische Gerätekunde", Ausbildung zur pharmazeutisch, technischen Assistentin 2008, Deutsches Erwachsenen-Bildungswerk, Bamberg

Bücher:
Ammon H. P. T. Hunnius. 9. Aufl., Walter de Gruyter GmbH & Co. KG, Berlin 2004

Riech J. Physikalische Gerätekunde. 2., überarb. Aufl., Govi-Verlag Pharmazeutischer Verlag GmbH, Eschborn 2009

Ziegler A. Defektur. Deutscher Apotheker Verlag, Stuttgart 2014

CD-ROM:
Europäisches Arzneibuch, 7. Ausgabe, Grundwerk 2011 inkl. 1. bis 4. Nachtrag, Deutscher Apotheker Verlag, Govi-Verlag Pharmazeutischer Verlag

Internet:
www.wikipedia.de

- http://de.wikipedia.org/wiki/Physikalische_Konstanten
- http://de.wikipedia.org/wiki/Internationales_Einheitensystem#SI-Basiseinheiten
- http://de.wikipedia.org/wiki/Grad_Celsius
- http://de.wikipedia.org/wiki/Fallbeschleunigung
- http://de.wikipedia.org/wiki/Messger%C3%A4t
- http://de.wikipedia.org/wiki/Volumen#Messmethoden
- http://de.wikipedia.org/wiki/Masse_%28Physik%29

www.mathe-online.at/materialien/anita.dorfmayr/files/klasse1/masse.html

www.lernstunde.de/thema/dichtemassegewichtskraft/grundwissen.htm

http://de.wikibooks.org/wiki/Trägheit,_Masse,_Kraft_-_Axiomatische_Grundlagen_der_Dynamik

www.quantenwelt.de/klassisch/eigenschaften/masse.html

www.altenpflegeschueler.de/sonstige/grundlagen-der-physik-1.php

www.waagen.lu/shop/glossary.html#ziffernschritt

www.schumann-gmbh.de/waagen/Lexikonwaagen.htm#e

http://m.schuelerlexikon.de

- http://m.schuelerlexikon.de/mobile_physik/Schweredruck_in_Fluessigkeiten.htm
- http://m.schuelerlexikon.de/mobile_physik/Der_Druck.htm
- http://m.schuelerlexikon.de/mobile_physik/Die_Waerme.htm
- http://m.schuelerlexikon.de/mobile_physik/Spektren.htm
- http://m.schuelerlexikon.de/mobile_physik/Prismen.htm
- http://m.schuelerlexikon.de/mobile_physik/Masse_von_Koerpern.htm
- http://m.schuelerlexikon.de/che_abi2011/Grundlagen_spektroskopischer_Analysemethoden.htm

http://artikel.schuelerlexikon.de/Physik/Waermestroemung.htm

www.aerztezeitung.de/kongresse/kongresse2008/duesseldorf2008-medica/article/522262/blutdruck-korrekt-gemessen.html

www.uni-protokolle.de/Lexikon/Viskosität.html

www.duden.de/rechtschreibung/Scherung

http://books.google.de/books?id=xz2veR6ukoOC&pg=PA179&lpg=PA179&dq=Thixotropierungsmittel&source=bl&ots=N3wZLgysgr&sig=Hk9UaYFOn2-7-50mxf_qjpwO_VI&hl=de&sa=X&ei=mahhUdTlDpHE4gSK8oDIBg&ved=0CEUQ6AEwAw#v=onepage&q=Thixotropierungsmittel&f=false

www.dagmar-mueller.de/wdz/Temperatur/temperatur.html

www.seilnacht.com/versuche/tempmess.html

www.bfs.de/de/uv/ir

http://schwangerwerdentipps.blogspot.de/2010/04/was-ist-ein-basalthermometer.html

www.tutoria.de/wiki/chemie/742/eutektikum

www.physica.ch/docs/Thermodynamik I GF.pdf

www.enzyklo.de/Begriff/Spektralfarben

www.chemie.de/lexikon/Autoklav.html

http://display-magazin.net/thema/strahlung/polarisiertes-licht

http://medikamente.onmeda.de/glossar/R/Racemat.html

www.lci-koeln.de/deutsch/veroeffentlichungen/lci-focus/was-ist-eigentlich-rechtsdrehende-milchsaeure-

www.faes.de/MKA/MKA_Photometrieeinfuehrung/mka_photometrieeinfuehrung.html

www.lickl.net/doku/photo.pdf

http://analytik.pharmaziestudenten-hd.de/uv-vis1/theorie.html

www.fremdwort.de/suchen/bedeutung/spektroskopie

www.lern-online.net/physik/optik/strahlengaenge/linsen/

www.helpster.de/was-sind-prismen-eine-einfache-erklaerung_111994

http://flexikon.doccheck.com/de/Röntgenstrahlen#Anwendungen

www.weltderphysik.de/gebiet/atome/elektromagnetisches-spektrum/

www.klassenarbeiten.de/oberstufe/leistungskurs/chemie/analytik/spektroskopie.htm

www.br-online.de/kinder/fragen-verstehen/wissen/2005/01102/

http://gammastrahlung.com/

www.fieberthermometer.net/

http://futurenurse.npage.de/vitalzeichen-kontrollieren/koerpertemperatur.html

www.kruess.com/documents/BR_Polarimeter_DE_1.6.pdf

www.chemgapedia.de

- www.chemgapedia.de/vsengine/popup/vsc/de/glossar/p/ps/pseudoplastische_00032fluide. glos.html
- www.chemgapedia.de/vsengine/popup/vsc/de/glossar/p/pl/plastische_00032fluide.glos.html
- www.chemgapedia.de/vsengine/popup/vsc/de/glossar/r/ro/rotationsviskosimeter.glos.html
- www.chemgapedia.de/vsengine/popup/vsc/de/glossar/e/ex/extinktion.glos.html
- www.chemgapedia.de/vsengine/vlu/vsc/de/ch/13/vlu/spektroskopie/grundlagen/einfuehrung. vlu/Page/vsc/de/ch/13/pc/spektroskopie/grundlagen/spektroskopiearten.vscml.html

http://daten.didaktikchemie.uni-bayreuth.de/umat/chromatographie/chromatographie.htm#2

www.med4you.at/laborbefunde/techniken/chromatographie/lbef_chromatographie_pc_dc_tlc. htm#Duenns_Chrom

Sachregister

Die Autorin

Susanne Schäferlein

Susanne Schäferlein, geboren 1988, begann 2008 ihre Ausbildung zur PTA am Deutschen Erwachsenen-Bildungswerk in Bamberg. Seit dem erfolgreichen Abschluss im Februar 2011 sammelte sie berufliche Erfahrungen in einer öffentlichen Apotheke sowie als pharmazeutische Redakteurin bei einem Anbieter von Apothekensoftware. Mit der Aufnahme des berufsbegleitenden Studiums zur Pharmazieökonomin (FH) und dem beruflichen Wechsel zu einer namenhaften Krankenkasse durfte sie 2013/2014 weitere spannende Facetten des PTA-Berufs kennenlernen.